家居生活新主张图书系列

MINGBAIJIAZHU

我的房子我做主之
明白家装

苍生图书工作室 编著

中国建筑工业出版社

图书在版编目(CIP)数据

我的房子我做主之明白家装/苍生图书工作室编著.
北京：中国建筑工业出版社，2005
（家居生活新主张图书系列）
ISBN 7-112-07145-3

Ⅰ. 我… Ⅱ. 苍… Ⅲ. 住宅－室内装修－基本知识　Ⅳ. TU767

中国版本图书馆 CIP 数据核字(2005)第 003177 号

责任编辑：费海玲　王雁宾
特约编辑：刘　叶　廖　彦

家居生活新主张图书系列
我的房子我做主之明白家装
苍生图书工作室　编著

中国建筑工业出版社出版、发行（北京西郊百万庄）
新华书店经销
北京建筑工业印刷厂印刷

*

开本：787×1092毫米　1/16　印张：14　插页：4　字数：400千字
2005 年 1 月第一版　2006 年 2 月第三次印刷
印数：5,001—6,500 册
定价：**28.00** 元
ISBN 7-112-07145-3
TU・6380 (13099)

版权所有　翻印必究
如有印装质量问题，可寄本社退换
（邮政编码 100037）
本社网址:http://www.china-abp.com.cn
网上书店:http://www.china-building.com.cn

MINGBAIJIAZHUANG

■ 鸿扬家装供稿

崇尚自然，摒弃人造材料，将木材、砖石、草藤等天然材料运用于居室设计，营造出自然、轻松、无拘无束的田园韵味，还心灵一个自然的空间。

回归自然

我的房子我做主之明白家装

■ 鸿扬家装供稿

简约时尚

→ → → → *轻松享受生活*

独具个性的表现，摒弃华丽的修饰，追求简约、清丽的造型，色泽淡雅清新，看似简单的设计，却以优雅的艺术气息造就出时尚的生活体验。

MINGBAIJIAZHUANG

梦回欧式

浪漫而富于变化，高贵又不显奢华，典雅的欧式之风扑面而来，尽显尊贵优雅的气质，在古典与现代之间，追寻一种美仑美奂的家居品质。

■ 鸿扬家装供稿

我的房子我做主之明白家装

典雅中式

对称均衡的布局,规整的家具设置,精致的细节装饰,尽显中式家居沉稳内敛、耐人寻味的格调,让人在喧嚣的尘世中获得一份宁静与平和。

■ 鸿扬家装供稿

MINGBAIJIAZHUANG

温馨浪漫

简洁雅致的客厅，细腻温润的线条，温馨柔和的色彩，营造了一种轻松、浪漫的家居氛围，尽显设计者的匠心。

■ 步佳装饰供稿

我的房子我做主之明白家装

■ 步佳装饰供稿

每个房间都有属于自己的色彩，在一个五彩斑斓家的世界里，处处都能感受到一份浓郁而别致的生活气息。

美丽源于心底那份对多彩生活的向往。

多彩空间

→ → → →

我的房子我做主之明白家装

出　品：苍生图书工作室

总监制：刘　薇
策　划：徐升国　刘　薇　廖　彦
编　撰：钟鼎文　荷青青　星　莹　于　嘉
审　稿：百万家园监理

致 读 者

　　经过大半年的市场调查和编撰工作,"我的房子我做主"系列图书终于和读者朋友见面了。作为策划者和编撰者,我们感到非常高兴,一方面我们终于完成了这项"家居出版工程";同时我们相信,这套图书的出版,一定会为许多迫切需要学习装修知识的准装修族们解燃眉之急!

　　目前市场上销售的家庭装修图书,绝大部分都是关于家居设计、家居样板间介绍的画册,而关于材料鉴别、工艺流程和装修质量控制等实用知识的家装图书却非常少,这些恰恰是装修族们最渴望了解和需要学习的知识。所以,经过深入的市场调查,我们策划了这套图书,旨在帮助装修族们学习掌握家装基本知识与实战技能,使他们从"家装门外汉"快速成长为"家装高手",把装修这样一件繁琐、复杂的事变得轻松和愉快,不用再担心买到伪劣的装饰材料,杜绝"黑心"装修队的"豆腐渣工程"。

　　"我的房子我做主"系列图书包括《轻松采购》、《明白家装》和《快乐家装》三种。三本书都力求用简单、通俗和轻松的语言来介绍家装知识,且介绍的角度各不相同,从装修前期(材料采购)、装修中(施工质量监理)到装修后期(装修心得体会),贯穿了装修的整个流程,囊括了装修知识与技巧的方方面面。

　　《轻松采购》主要介绍家装中各类装修材料的选购知识,大到地板、瓷砖,小到水泥、腻子,以及家具、电器等,包括产品材料知识、选购技巧、真伪鉴别、品牌及价格等内容。装修族们通过学习书中的采购知识,可以做到"慧眼识珠",选购到质优价廉的"放心"材料。

　　《明白家装》主要介绍家装流程和施工工艺知识,包括:挑选家装公司,签订家装合同,家装施工工艺和验收标准,家装环保质量把关,等等。所谓"明白家装",就是要让装修族们通过阅读学习,掌握家装流程和工艺中的"关键点",面对各种家装问题,都能明明白白、清清楚楚,从而装出一个高品质的"家"。

《快乐家装》是一本轻松的日记体家装故事集，作者将自己在装修过程中的酸甜苦辣和心得体会娓娓道来，书中既有"我"在装修中的"得意"之处，也有"我""沮丧"和"出丑"的时候，其经历是大多数装修者或多或少都会遇到的。装修族们不但可以与作者一起经历装修过程，体味家装的苦与乐，同时也能学到大量的家装经验与技巧。

这是一套为装修族们倾力打造的"家装启蒙书"，一切都从装修族的需求出发，一切都为了维护装修族的权益，而我们的"良苦用心"，相信装修族们在阅读和"使用"这套图书后一定能体会得到！

"我的房子我做主"系列图书是我们献给装修族们和广大读者的新年礼物，苍生工作室愿"天下苍生"都有一个温馨、美好的"家"！

苍生图书工作室

2005 年 1 月 1 日

目 录

"不打无准备之仗"——装修前的准备
装修设计风格准备 ………………………………………………… 3
装修知识准备 ……………………………………………………… 7
装修前期工作准备 ………………………………………………… 12
装修前的心理准备 ………………………………………………… 16

"花钱的艺术"——做好装修预算
装修档次与费用预算 ……………………………………………… 21
预算清单 …………………………………………………………… 23
装修省钱的窍门 …………………………………………………… 29
如何办理装修贷款 ………………………………………………… 33

"别对我虚情假意"——理性选择装修公司
选择装修公司的原则 ……………………………………………… 37
装修包工方式 ……………………………………………………… 42
装修公司常耍的"花招" …………………………………………… 46
谨慎签订装修合同 ………………………………………………… 50

"把自己的家交给别人"——谨慎选择监理和设计师
"为家装保驾护航"——选择监理公司 …………………………… 59
"为新家绘制蓝图"——选择家装设计师 ………………………… 66

"知己知彼"——开工注意事项早知道
开工第一天注意事项 ……………………………………………… 77
明白工艺流程规范 ………………………………………………… 84
掌握材料采购进程 ………………………………………………… 90
材料采购中的"猫腻"大曝光 ……………………………………… 94

"装出安全的家"——"隐蔽工程"自我监理

水路改造 …………………………………………………… 103
电路改造 …………………………………………………… 111
暖气改造 …………………………………………………… 119
吊顶 ………………………………………………………… 124

"装出漂亮的家"——"表面工程"自我监理

瓷砖工程 …………………………………………………… 137
木工工程 …………………………………………………… 145
油漆工程 …………………………………………………… 150
地板铺装 …………………………………………………… 158
其他安装项目 ……………………………………………… 166

"给自己一个环保的家"——室内空气检测及补救措施

"防患于未然"——室内空气质量检测 …………………… 173
"拿什么拯救你,我的家"——如何消除装修污染 ……… 179
室内空气检测依据和检测机构 …………………………… 183

"有了纠纷找娘家"——家装质量投诉

"未雨绸缪"——避免装修纠纷 …………………………… 189
"有的放矢"——解决装修纠纷 …………………………… 193

附 录

《北京市家庭居室装饰工程质量验收标准》(DBJ/T01-43-2003) …… 201
家庭装饰工程监理合同范本 ……………………………… 210
家装监理公司名录(北京、上海、广州) ………………… 213
《北京市家庭装饰投诉解决办法》 ………………………… 214
家庭装修质量问题投诉机构(北京、上海、广州) ……… 216

"不打无准备之仗"——装修前的准备

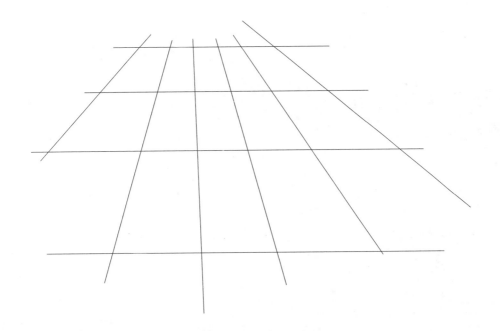

装修设计风格准备

当新房钥匙拿到手的时候，装修大戏就将上演了。对许多人来说，这都是令人激动的时刻，因为终于可以按照自己的意愿，来实现梦想中的家了。然而，要把新家装修成自己喜欢的样子，并不是找一个装修公司就万事大吉了，还需要付出许许多多的辛苦和汗水。对有的人来说，装修不但不是件令人高兴的事，还可能是痛苦的开始。一来是因为目前的装修市场存在太多的鱼目混珠，太多的陷阱和黑幕；二来是自己又有着太多的担心和害怕，担心上当受骗，害怕新家成为健康杀手，稍不留神，入住新家的喜悦就有可能变成无尽的烦恼。

要想使装修成为快乐的事情，我们就得明明白白地装修，做到心中有数。首先就是要对装修做充分的准备，在动工前先进行细致的谋划，倾听专家或有经验者的意见，做好多种准备，这样既可省工、省料、省钱，又能获得较满意的效果。尤其对那些从未做过装修的家庭，确定什么样的装修风格，如何做装修预算，找什么样的装修公司，装修过程怎样安排等，多数人恐怕都心里没数。要利用有限的资金达到较满意的装修效果，在装修之前就必须做出周密的"策划"和精心的准备。

一、风格与性格

正在准备装修的人，都会对自己新家的风格有着无数美好的构想和憧憬，但是一旦进入实战阶段，就会发现自己的许多设想难免杂乱无章。因此，对于准装修族们来说，要为装修做的第一项准备，就是把各种美好却纷乱的设想理清，汇成一种最适合自己的家装风格，这种风格不但要让家显得美丽温馨，更要和自己的性格爱好相吻合，在这样的家里生活才算得上真正的幸福生活。

如果迷恋我们博大精深的民族文化，那么，古朴、典雅的中式古典风格最能让自己在家里修身养性。可以挂点字画，摆点青花瓷器，屋里处处都透着一股风雅韵味，传达出传统文化内敛含蓄的审美意蕴。但如果你不喜欢硬硬的木头、沉闷的深色，而是喜欢柔软的沙发和绚丽的色彩，那就别勉强自己"附庸风雅"。

如果自己一直被欧洲的古典奢华所俘惑，那么古典欧式风格最能让你在家里体会至尊的感受。宽敞奢华的沙发，璀璨的水晶吊灯，慵懒的美人榻，带扶手的高背靠椅，无一不是豪华、舒适的代名词。当然，至尊的感受是不可能轻易享受得到的，它与个人的经济实力密切相关。

如果喜欢日本文化中宁静、谦和的处世哲学，更想在日常生活中得到熏陶，那就装修成和式风格吧。石板、条几、绿竹、枯枝、榻榻米，都是能让你烦躁的心得到宁静的魔法道具。不过如果自己生性热闹，那还是离这种风格远点吧，因为过不了几天，你就会厌倦了这种简单与清淡。

简约的现代风格最受时尚、前卫的年轻人喜爱，如果你正是喜欢追求时尚与个性的一族，这种在家居中大量用不锈钢和玻璃材质装修的风格最能迎合你的追求。边角分明的直线条，黑白分明的色彩，没有一件多余的家具与摆设，却处处透着精致与舒适，这就是简约风格的精髓！

装修界多年来盛行的几大风格，你都可以一一设想装在自己的新家，但最终还是应选择一种最能体现个人性格与爱好的风格。可以中欧结合，也可以简约与奢华共存，装修的最高境界就是让外人一眼看去，就知道这房子里住的是你，房子里处处散发着你独特的审美和个性魅力！

二、"偷经学艺"

选准了一种装修风格，要把这种风格发挥得淋漓尽致，用心设计每一个细节是必须的。要想让自己的家与众不同，日常生活又非常方便，就得靠自己多动脑筋，多学习借鉴，吸取别人的精华，绝不能把设计的重任完全交给家装设计师。对大多设计师来说，他们没有办法也没有时间为顾客量身订做一个独具个性的设计方案，他们所能做的，就是把时下流行的设计方案拼拼凑凑，做成电脑效果图演示一番，由业主当场挑选拍板而已。所以，如果你是一个对自己的房子非常在乎的人，还是尽量多投入些自己的"脑细胞"吧。

作为一个装修的门外汉，不可能凭一时的灵感就设计出与时尚潮流吻合的装修风格，只有靠多方学习和借鉴，再加上自己的喜好与专业人员的指点矫正，最终才有可能设计出既漂亮又舒适的装修风格。

学习借鉴的途径主要有两个方面：一是翻阅精美的家装杂志，浏览网上的家装图库。翻阅家装杂志，不光是为了寻找灵感，更是一种视觉上的享受。像《时尚家居》、《瑞丽家居》、《家居主张》、《缤纷》等杂志，均是家居装修的风向指标，翻翻这些杂志就能知道最近在流行什么装修风格。网上的家装图库，一部分是装修公司的样板间集锦，一部分是装修论坛网友上传的家装图片，这些图片来源于普通家庭，对装修族来说很有参考性和借鉴性。

二是实地参观样板间。新开发楼盘的样板间、朋友同事的家、家装论坛网友的家，都是非常值得学习观摩的地方。实地参观样板间，从平面媒体的画面到现实的场景，视觉的冲击感更强烈，更能激发自己的灵感。实地参观样板间还有一个好处，就是可以借此学习怎样辨别各项装修工艺的质量好坏，更能因业主口口相传的经验教训让自己在装修中少犯错误、少留遗憾。

看到那些新颖别致的精美图片和装修实景时，不妨取其中一二之长用于自己家中，但最好不要生搬硬套。

三、找"高人"聊聊

经过大量的样板间和精美图片的参考借鉴，已有了对装修的大致想法，自己可能觉得这些设想都非常新颖，起码是让自己非常激动的，但这些美好的设想是否可以变为现实，还需要专业人士帮助参谋参谋。

前面虽然说过，不要把希望完全寄托在设计师身上，但毕竟设计师在装修这一行中"过的桥比咱走的路多"。真正的家装设计师在专业知识上还是比我们多，他们在设计上也更能捕捉到时尚的潮流。比如，你想把墙打掉做个造型，为自己节省了空间得意不已，但没准设计师就会告诉你"这是承重墙不能打"！又比如，你想在客厅做个独特的吊顶，并早就陶醉在自己的想像中了，但设计师却跟你说"现在早就不流行吊顶了"！再如，你喜欢上了青石板，想铺在厨房里，但忽略了厨房里的油污……把家装的设计要求和大致想法告诉专业设计师，他们会结合实际经验，提出一些你没想到的问题；他们也会把当前流行的家装风格与设计理念进行揉和，把你的设想变成较切实可行的装修方案。当然，如果你最终没有选择设计师，但他们的建议有很多是值得参考的。

另一方面，多与设计师沟通交流，同时也能考察装修公司的实力与服务，是挑选合适可靠的家装公司必不可少的工作。

装修知识准备

对于初次装修的人来说，装修需要花多少钱，怎样花钱，钱都花在什么地方，几乎是一窍不通，更不要说那些"艰深"的建材采购和装修施工的专业知识了。在目前装修行业不十分成熟规范的情形下，如果自己没有丝毫装修经验、知识，在一头雾水的情形下，能否不被奸商和工头坑了，就只有天知道了。

有的业主，花了大把的银子，新房装修刚过一年，厨卫瓷砖就开始往下掉，白色混油房门到处露出斑斑裂纹；还有的业主生活在被劣质建材严重污染的房间中却浑然不觉，直至自己和家人的健康出现了问题……工程质量与装修环保，是装修的两大根本，想要避免上面这种可怕的情景出现在自己家里，就必须在装修之前把自己恶补成为"装修专家"，哪怕只是空头理论家，也不至于被敷衍了事的装修公司任意耍弄，只有这样才能把装修的主动权掌握在自己的手里。

一、家装预算知识

掌握家装预算，对一个新手来说是一件颇有些为难的事情。因为根本不知道整个家装过程大大小小到底有多少花钱的项目，每一项要花多少钱。例如，瓷砖要买多少呢？到底买多少钱的合适呢？知道了地板、瓷砖、油漆、木工这几个施工大项，但有没有其他自己想不到的项目呢？对很多人来说，面对许多高品质的材料和器具的诱惑时，都有尽量用"好一点"东西武装自己的家的冲动，可是每一个冲动，都意味着银子的成倍付出。等发觉时，就会发现装修还剩一半的工程，可是口袋的银子已经所剩无几了，没办法，后来的东西就只有凑合买了，而买家具的钱则需要重新攒起。如果没有明确和科学的预算和足够的自制力，装修很有可能就会陷入到一个泥潭里面，有再多的钱也会被吞没进去。

费用上的"前松后紧"是装修族们的通病。想要避免感染此病，惟一的办法就是事先做好科学预算，然后在施工中尽量严格按照预算和口袋里的银子量入为出。因此，了解家装预算知识，是前期知识准备中重要的一环。

了解家装预算，就需要事先计算好自己口袋里有多少"银子"，并根据"银子"多少确定新家的档次、风格和工程项目，并由此大体确定所需采购材料的档次和价格，并了解这些施工项目的工价。在这方面，可以多收集一些装修"前辈"的家装预算表，看他们全部装修项目及费用。本书第二章对家装预算将有专门介绍。

二、材料选购知识

在家装中，材料支出是费用最大的一项。一般而言，各项材料包括建材和厨卫用品的费用与工程款之比大约为 4∶1 甚至是 5∶1，可见材料款要远远高于工程款。家装材料涉及面广，数量多，真假难辨，控制起来非常困难，是最容易上当受骗的地方。如果大量使用假冒伪劣材料，技术再好的工人也装不出高质量的工程。

掌握材料选购知识包括两个方面：一是了解材料的档次和价格，确定自己所选择材料的价位。目前建材市场上同一种建材，由于档次不同，价格相差也非常之大。比如强化复合地板，高档品牌价格每平方米在 100 元以上，而低档品每平方米二三十元就能买到，如此大的价差，其质量当然是天壤之别。又比如 PP–R 管，进口的"皮尔萨"牌管与国产的管价格要相差一到两倍。另外，了解材料的主流趋势，对我们合理选择材料将更加有的放矢，同时也可以避免装修公司大量使用过时淘汰产品。如墙面的基层处理，前些年一直是使用 821 腻子，但目前普遍使用更环保、质量更好的墙衬作为墙面基层材料。

掌握材料知识的另一个重要方面，是学习材料的真劣鉴别基本知识。现在的建材市场实在是鱼龙混杂，尤其是一些小摊贩式的自由市场，基本上是假货的天下。业主即使在购买时比较小心谨慎，但 JS 们(奸商)却有全套的使坏功夫，什么"真假混杂"、"掉包计"等，一不小心，就有可能上当。即使是大型建材超市，也因为卖劣质货往往利润更高，因此顾客经常会被"热心"的导购误导去买那些质量较差但利润更高的产品。所以，只有业主自己多学习材料的真伪鉴别，炼就一双火眼金睛，才能买到真正的优质材料。

即使选择的包工方式是包工包料，由装修公司统一进货，同样需要学习材料鉴别知识。因为许多装修公司的统一进货，都是由材料商为他们专门定做的，所谓"工程用料"，在质量方面的要求是合格就行，他们更多考虑的是低价供货而不是质量最优化，因此质量比起市场上零售的要差不止一个档次。其次，不良的工程队还会偷梁换柱，以假乱真。因此，不管是包清工还是包工包料，业主自己掌握各种建材的选购、鉴别知识都是必需的。

三、家装工程施工知识

在目前的装修市场中，无论是大型装修公司还是个人包工队，工人清一色都是进城务工的农民兄弟。他们每天干着最苦最累最脏的活，但拿到手的却只有可怜的几百上千元。没有保险，没有培训，更谈不上娱乐，再加上人类"自私"的天性，想让工人装修时自觉地为业主尽心尽力、精益求精，是不可能的。因此，要想让施工队伍做好工程，最根本的一条，就是加强监督和管理，让他们按照要求和质量标准来做。有一句装修行业的名言："如果缺乏管理，即使最好的队伍，做出来的工程也肯定惨不忍睹；在严格的管理下，即使最差劲的工人，也能做出标准的活儿来。"

施工知识主要包括水电改造、木工、瓷砖施工、油漆涂料施工、橱柜施工、吊顶施工等工艺知识，还包括施工流程、施工规范、验收标准与技巧、劣质工程的鉴别等方面。当然业主不需要成为一个真正的工程专家，但一定要了解基本的施工原则。可以说，除极少数大型装修公司外，绝大多数施工队伍都难以自觉做到严格按照标准来进行操作。如果业主对装修一窍不通，他们就会找出各种冠冕堂皇的理由来搪塞业主的质疑。而如果业主对施工工艺略知一二，在适当的时候给工人来一个"下马威"，工人在干活时相对就会认真一些。

四、学习家装"防身术"的渠道

除了要熟悉各种材料选购和施工知识，业主还需要恶补的是装修骗术大全及化解之法。在这方面，网上装友们总结出了不少经验。装修队和材料商的什么"调包计"、"偷工减料"、"偷梁换柱"等伎俩，他们都会一一道来，不但让你一目了然，还会告诉你面对这等"恶人"如何防范的"道道"。

当然，在成为防骗专家的同时，自然也要学习各种侃价绝招。什么"树上开花"（装专家）、"擒贼擒王"（找经理级负责人谈价格）、"顺手牵羊"（谈好后让商家再送两样配套的小东西）、"趁火打劫"（侃价到最后让商家再抹掉零头）等一套一套的，能帮助业主在采购中掌握更多的门道和诀窍。

要掌握这么多的装修知识，确实是一件头疼的事，但是，当你有意识地去学习，就会发现一些意想不到的乐趣。要得到相关的装修专业知识，可以去以下途径取经：

1. **网络通道**。在互联网上有许多装修专业网站，如焦点家装网、搜房网、新浪家居频道，各地家装专业网站，还有东方家园等建材超市网站，这些网站都有大量装修专业知识，其中还有一些装修专家介绍家装知识。焦点装修论坛甚至被网友们称为"装修大学"，装修专家"张工"、"地板博士"等（网名），经常在网上回答网友们在装修中遇到的各种问题。

此外，一些社区网站上也辟有装修论坛，装修过和准备装修的业主经常聚在一起，交流装修经验，交换有关网上"集采"的信息以及产品价格等，这种网上社区已成为人们交流装修知识的重要渠道。许多人还把自己的装修经历写成"装修日记"，把他们的喜怒哀乐，他们与JS（网络语言，"奸商"之谓）斗法的"宝典"，与人们一起分享，他们的装修经历对准装修族来说，具有很好的参考作用。在网络时代，充分利用网络时空，是装修者学习装修知识的有效渠道。

2. **向熟人讨教装修知识和经验教训**。如亲戚朋友、同事同学、左邻右舍等，这也是获得装修知识一个非常有效的途径。他们刚刚经历过装修，对装修中遇到的各种问题有切身体会，他们的教训往往是自己最好的教材。但是，他们所介绍的常常不一定全面，装修知识和经验也有较大的局限性，因此，对于这种渠道取得的经验要学会鉴别和运用。

3. **逛建材和家具市场获取直接经验**。"纸上得来终觉浅，须知此事要躬行"。再多的间接知识，也无法替代亲身经历。否则，网上热火朝天地在讨论"墙衬、腻子"，自己却插不上嘴，而直冲的马桶是什么样，虹吸的马桶又是什么样，更不可能知道。眼见为实，明白了解各种材料的用途，为自己的选择做准备工作，这是非常直接和有效的方式。

现在，许多大型建材超市和家具市场已经在全国各地建立连锁店或大型零售店，比较著名的有"百安居"、"东方家园"、"居然之家"、"红星美凯龙"、"家世界"、"宜家家居"等，这些大型建材和家具市场的产品大多有一定名气，信誉良好，让人能放心购买，是装修族在家装采购中的首选。

在逛过几家建材市场之后，会发觉不但能看到许多以前闻所未闻的建筑装修材料，还可以尽快进入装修角色，开始选择装修材料。逛市场还使人对建材价格有一个直观感受，并能了解和比较各处建材价格、产品档次，为今后直奔目的地购买材料打下坚实的基础，从而避免了临时抱佛脚，四处选材。

CS 家博士提示：

逛建材市场时可以同步逛家具市场，因为家具风格对确定家庭装修风格会起到重要作用。例如，如果在逛古典家具市场时，喜欢上了东方古典家具的风格，头脑中的中式装修风格就会更清楚；而如果在逛"宜家家居"时，对北欧风格的家具情有独钟，那么白枫的颜色配简洁现代的家居风格就会跃然脑海。

装修前期工作准备

当装修即将开始的时候，除了做好上述的知识积累，还需要做一些具体的工作准备，以迎接马上到来的装修大战。

一、画一张新家平面图

在纸面上开始描绘新家的蓝图，这是为新家进行设计打扮的第一步实际工作。设计的第一步是丈量房间各处尺寸，然后画出设计草图。平面图是所有草图中最基本也是最有用的，所以在动手装修之前，应按比例画一张居室的平面图。其具体方法是：先用尺丈量居室各房间的长和宽，并用铅笔将尺寸按比例画在草图上。再测出门窗的宽度及与墙角的距离，电器插座及其他部分的尺寸，应尽可能量得准一些，并逐一添加到平面图上去。最后再量一下居室的高度，这对于计算下一步需要购买的材料如厨卫瓷砖、地板或墙纸等的数量、面积是必不可少的。

画好房间平面图后，接下来要做的是在平面图上把家具的尺寸和位置确定下来。方法有两种：一是拿一张透明的薄纸覆盖在平面图上，再按同样的比例，用铅笔把家具草图画上去，进行不同的方案比较后，最后将草稿画在居室平面图上，这样居室布置平面图就算完成了。另一种方法是把家具的形状按比例画在另一张纸上，然后剪下来，将这些家具纸样在绘好的房间平面图上试摆，进行各种方案的比较。待方案确定后，即可把家具位置画到平面图上。

二、做好前期规划

室内装修，一般应本着美观、方便、耐用、经济的原则进行，对这四个方面都要考虑周到，切忌单纯赶潮流和时髦，追求华而不实的东西，弄不好就会花钱买"不方便"，甚至背上"包袱"。在装修之前，要根据自己对不同装修风格的审美情趣，对居室和设施使用的要求，以及自己的经济实力等，提出总的要求和设想，以便使整个装修工作有章可循。

家装的前期规划指工程方面的总体安排，如装修费用的准备，装修时间的安排，装修进度的安排。另外，还应考虑一些实际工艺项目如水电改造方案，墙面用墙纸还是墙漆，家具是做还是买，等等。这些最好都在装修之前考虑。

做好前期规划，可以用一些表格来完成，如制定一个简单的装修费用预算表，装修材料进场表，工程进度表等。做预算时，先填写每一个项目的名称，准备采用什么材料以及用何种方式进行装修，最后一项是初步的工程造价估算。如果估算出的造价超过了自己的经济条件，就要对装修材料、方式或某一项目进行修改，直至造价接近自己的经济承受能力为止。

三、做好装修时间安排

大多数人都是上班族，既要不耽误工作又要忙装修，如果不做好装修时间安排，则很有可能搞得自己面对工作与装修的双重压力而不堪重负。

如果可能，根据已学到的装修知识，参考别人的装修日程安排，拟定一个较细的装修施工进度表。通常，装修工作是从结构性改动开始的，如隔墙、吊顶、改变门和窗的位置等；随后是水电线路改造；再下面就是进行墙面、顶棚和地面的底层处理；表面装修从顶棚涂刷开始，再油漆门窗和踢脚线，然后刷墙面涂料或贴墙纸，装洁具，铺地板，最后挂窗帘等。这就是一套居室的装修流程。

初步拟订装修日程表，包括：装修的整体时间安排，何时找装修公司，何时签合同，何时正式施工，何时买主要建材，何时水电改造完成，何时进行中期验收，等等。先拟订这些装修大项的时间安排，再按此时间表执行，就可以提前将自己的工作时间安排好，避免使装修时间与单位的工作冲突。

装修中大量的时间要用到工程上来，所以要计划好与工作的关系，避开单位工作繁忙的阶段。如果可能的话，可以多安排在"五一"、"十一"等节假日前后装修，以尽量利用假期。

拟订日程表的另一个好处是，可以掌握进料时间，在每个装修项目开始前让材料到场，以免影响工期。在装修开始前就将所有材料采买好是不可能的，一来无法计算需要的材料数量，二来买好的材料堆在工地上也不方便施工，因此边施工边进料是必然的。这样一来，先进什么，后进什么，就需要与工程进度相配套。

四、提前准备装修材料

提前准备家装材料，是非常重要的。一方面：许多装修材料的进货都有一定的周期，如整体橱柜、成品门、艺术玻璃等，因为需要专门定做，有的时间长达半个月以上，如果等到施工临近才购买就会影响到施工进度。另一方面：许多材料都接受提前预订，只要在一个月左右内都可以提货，如果提前考虑进货，就有比较充裕的时间来选择材料了。而如果是节假日或店庆，许多店还有特别的折扣优惠，能拣到不少的便宜。

因此，在装修开始前一个月，就完全可以开始材料采购工作。不过，要记住，由于此时装修工程尚未开始，因此可能瓷砖、油漆涂料、地板等的数量还无法计算准确，此时买东西的原则是只交付少量订金并在自己计算的基础上再多加一点。因为大多数商家都是可以多退少补的，如果多了的话可以退给商家，但如果少了再补充的话，对瓷砖、地板等材料来说，就会因为不是同一批货而产生色差。另外，如果你过了一段时间又看中了另一种花色，还有反悔的余地。

五、一些必备的实用工具

以下是装修中常用的一些小东西，装修前应准备好：

1. 一把卷尺。采买东西时随时测量尺寸用。

2. 一张户型图。上面应标好详细尺寸，采买东西时便于计算所需材料的用量。

3. 一支笔和一个小册子。千万别小看这两样小东西，随时随地可以记录某一市场、某一品牌的材料价格，然后可以多方进行比较。在杀价的时候也好心里有谱，搞好了能省下不少银子呢。

4. 一些备参考的预算表、材料表。可以随时对照查找所需材料的项目和价格档次。

5. 一份家庭装修方案。上面标明装修档次的选择：高档、中档、普通；装修风格的选择：中式、欧式、日式等；家用电器、卫生洁具的选择；建材选择：顶棚、地面、墙面、瓷砖等。

6. 一份建材市场名单：包括地址、电话、大致价位等。可以随时电话查询材料价格。

"我的房子我做主"之明白家装

装修前的心理准备

有了以上的准备，或许你就可以开始自己的装修之旅了。且慢，还不妨在心理上也做一些准备，使自己有一个良好的心态来迎接挑战，否则陷入装修的无数细节和许多意想不到的麻烦中，不但没有装修的乐趣，反而会觉得苦不堪言呢。

一、不要过分追求完美

这一点在开始的时候最难做到，谁能从一开始就存在"抱残守缺"的心理呢？可是，装修中实在有太多的环节需要关注，有太多的知识需要去学习，而无论怎么努力，最终还是会发现，装修结束，家里多多少少总是存在一些遗憾和不足之处。这对一些比较追求完美的人来说，尤其痛苦。实际上，我们可以反过来想，什么事情又能十全十美呢？也许，家装本身就是一门遗憾的艺术，还是留一点遗憾，幻想让下一回装修来弥补吧。这样，在面对那些瑕疵时，心里也就坦然多了。

不追求完美还有一个方面，就是在采买东西的时候要善于取舍。有时看上的好东西与兜里的银子常常打架，让人欲罢不能。如果不能克制心里的欲望，最终会发现到后来亏空越来越严重。一般而言，买东西的原则是，可以在家里重点的地方，如客厅，或对质量要求较高的产品，如按摩浴缸上多花费一些，而其他较次要的地方，可以将就一点。不要事事都追求最理想的状态，这样就不至于出现财政赤字，家装的过程其实也是一个与自己的欲望博弈的过程。

二、避免步入"装修误区"

误区之一：盲目攀比。 有人在装修时喜欢与别人进行比较，总希望自己比别人装得好一些，在材料使用上，在购买的品牌上，都要比人高一截。盲目攀比的结果是失去了自我，弄了一大堆名牌在家里，却并不一定和谐。

误区之二：东搬西抄。 有人为了装修可谓呕心沥血，专门到书店花几百元买来一堆国内外装饰图集，然后告诉装修队，客厅按第几页装修，卧室按第几页装修。书上的图片确实很美，但他们忘了，由于缺乏统一格调，很多美的东西放在一起却不协调，愿望是好的，结果却是东施效颦。

误区之三：高档材料堆砌。 不少人把高档、豪华理解为装修材料的贵贱，一味追求最好的品牌和最贵的材料，一套居室装修下来，耗去几十万，但由于缺乏总体设计，缺少用材对比，缺少画龙点睛的手法，反而弄巧成拙，钱没有用在"刀刃"上。

误区之四：功能错位。 有人把宾馆、餐厅、舞厅的豪华装修搬到自己家里来，房间里吊上雕花玻璃，客厅里装上五彩吊灯，房顶上圈上红、蓝霓虹灯。居室异化成娱乐场所，在这样的环境里能得到温馨舒适，能安静休息吗？值得怀疑。

误区五：胸无全局。 装修前，应该对房间的装修风格、所使用的装修材料、家具的选择和大致的摆放位置以及装修的预算等心里有数。切忌对装修不作通盘考虑，这样往往会出现家具与装修风格不相符合的状况。

误区六：不分主次。 有人在装修中不分主次，对所有空间"一视同仁"。这样装修不仅花费过多，而且往往"事倍功半"。其实装修时应当突出重点和亮点，花足本钱，而对其他一些空间的装修则可以简洁一些，由家具和装修品来点缀空间。

误区七：频繁变方案。 有人由于对装修的前期规划不全面，主意天天有，方案天天变。误工、费料、施工队伍天天拆改，双方矛盾频繁不断。方案变更最好在施工之前，尽量避免施工中或施工验收时发生不应有的不愉快。

三、避免患上"装修综合症"

装修是一个劳心劳力的过程,对于做事情非常投入的人来说,很容易一头扎进装修出不来。网上的装友们就在装修过后,总结出一些装修中易患上的装修综合症,如果你在日常生活中就有这些症兆,那一定要在装修中注意调整。

症状之一:患得患失症。一会觉得这样好,一会又觉得那样好。白玫瑰和红玫瑰,选之前都漂亮,选之后都刺眼。在选择门的时候,做门担心工艺不好,买门又不放心材料;做木门觉得不够漂亮,做玻璃艺术门又担心不够结实……总之,患得患失,左右为难。

症状之二:过度小心症。总希望自己做得滴水不漏。买东西的时候,付完订金,开完收据,让商家写完品牌写总价,写完总价再写单价,写了单价写型号,写了型号还要写颜色,末了还要明确配件质量、品牌。到最后还是不放心,东西会不会是假的,会不会跟样品不一样?典型的过度小心症。

症状之三:过度操心症。总怕别人做不好,叮嘱别人 N+1 遍("N"即"很多"之意),恨不得什么事情都自己来。定做楼梯,各个尺寸、各个细节问了 N 遍,还是担心:安装会不会有问题?尺寸合适吗?会不会对方忘了相关细节?总之,就是什么都不放心。

症状之四:过度幻想症。什么时候都若有所思,墙用什么颜色好呢?顶用什么颜色好呢?客厅到底铺瓷砖好还是地板好?这个地方怎么弄呢?七七八八,可以空想一天。

症状之五:狂妄自大症。装修完了总觉得人家的东西都没有自家好。每次去别人家,看到打了一大堆家具,一大堆展示柜;包了所有的暖气;使用过时的榉木;铺了普通的墙砖地砖;总觉得有刺鼻的气味……就暗自得意,却看不到别人家的实用之处,典型的狂妄自大症。

症状之六:装修痴迷症。装修结束了半年,到了宾馆饭店,还是习惯性地四处留心卫生间贴的什么瓷砖,洗手盆用的什么品牌,背景墙处理有什么独到之处,清油、混油,等等,陷入装修痴迷症难以自拔。

知道了以上这些病症,心病还需心药医,对症下药,好自为之吧。总之,不要让装修把自己搞得疲惫不堪,欲罢不能。好了,准备至此,装修的大幕就可以拉开了!

"花钱的艺术"——做好装修预算

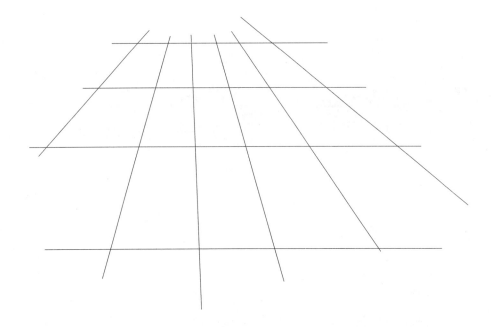

装修档次与费用预算

也许，在买完房之后，你已经所剩无几；也许，你早已为新家装修做好了资金计划，银袋满满的。不管怎样，资金都是装修中首要和必不可少的准备。

对于目前国内的装修标准而言，一般家庭装修各项费用（不包含家具和电器的费用），一套50平方米一居室房子的普通装修费用大约2万元左右，中档装修3万元，较高档次的装修则需要5~6万元；80平方米的两居室，大概是在一居室装修价格的基础上再增加1~1.5万元；110平方米的三居室，又需要在两居室装修价格的基础上再增加1~1.5万元。也就是说，三居室的房子，普通装修费用约为3~4万元，中档装修5~6万元，高档一点，则需要8~10万元。当然，上不封顶，在装修中，有多少钱都能花出去，有较强经济实力的装修者，两居室的装修一般花费约10万元左右，而三居室则能花费20万元左右，这还不包括家具和电器的采购。

其实，与其花大量钱用于装修，还不如用于家具电器和家居装饰方面，所谓"轻装修、重装饰"。上世纪90年代初，在刚刚兴起家庭装修热时，人们常常喜欢把家布置成宾馆饭店的样子，而现在人们则越来越喜欢将家布置成有个性品位的住所。对于手头比较紧的年轻人来说，如果装修费用实在有限，也可以尝试贷款装修，超前消费一把。关于贷款装修的具体手续，后面还将有具体介绍。

在开始装修之前，一个计划好的装修预算是整个工程进展的指南针。确定好自己的装修预算，并计划好这些预算用于哪些地方，显然是十分必要的。

从目前大中城市的装修整体走势看，家庭装修档次大体可以分成三大档次，即豪华型装修、舒适型装修和实用型装修。每一个档次所花费的金钱有较大差别，另外，不同地区的装修费用也有较大差别。

每个家庭在装修自己的新居之前，都会有一个基本投资计划和装修要求。装修要求一般包括材料选择、施工工艺要求和设计要求等，各家的装修投资也大不相同。所以挑选装修公司时的一个重要方法就是"对号入座"，即做什么要求的工程，找什么档次的装修队伍。按装修费用标准可以划分为：实用型，中档型，高档型，豪华型。

实用型装修：每平方米造价约300~500元。

实用型设计与装修特点：设计以满足使用功能为基础，风格简单明了。选用比较大众化的材料，主要投资在家庭用品上，整体效果实而不华。

卧室和客厅以及阳台地面使用普通通体砖，墙面和顶面使用国产乳胶漆，厨房和卫生间采用国产墙地砖，PVC扣板吊顶，卧室和客厅顶角用石膏线装修，地角、门以及暖气片采用木包处理。

舒适型家装：每平方米造价约500~800元。

舒适型设计与装修特点：设计上除了满足使用功能需要外，亦注重对活动空间的合理规划，选用中高档主材，整体效果舒适得体，落落大方。

卧房中选用进口复合木地板或国产实木地板，客厅采用合资地砖，墙和顶采用进口或合资乳胶漆，其他材料依次上升一个档次。这个档次的装修在卧室中采用了木地板，功能和美感上都有了提高。

高档型装修：每平方米造价在1000元以上。

豪华型设计和装修特点：完全个性化的设计，突出业主的品位，选材以高档材料为主。整体效果追求个性化的完善。

卧室和客厅全部采用木地板，其他材料在选择上更是上升一个档次，在这些地方已经可以采用进口的原材料了。

顶级豪华型装修：上不封顶。

豪华型装修当然无论是用材、设计还是后期的家具等，都要比高档型的装修更上一个档次，"豪华"二字不一定指最贵、最奢华的东西，而是要求装修出来的效果不但显得精致有档次，更应该是一件独具特色、充分体现主人风格的艺术作品。

对于把装修档次定位在顶级豪华型的人士来说，费用预算已经不是太重要了，重要的是装修所体现出的独特的设计以及独一无二的至尊享受。

预算清单

我们在装修中，需要对费用从整体上按一个合适的比例，从各个开支项目中进行分配。通常情况下，安置好一所新居，必须准备装修房屋、购买家具和电器等三大块费用。费用比例一般为：装修费用占50%左右，家具费用占30%左右，家用电器及其他费用占20%左右。在装修预算一项中的费用比例又可以分为几个方面，其中设计费用占装修总造价的5%~10%，材料费约占总造价的60%~70%，人工费占总造价的20%~30%。

为了进一步明确各个项目的费用，做到心中有数，就需要列出一个详细的预算清单，这个清单不同于装修公司的报价单，因为装修公司报价单还有大量缺项需要由业主来采买。业主自己需要的是一个全面的预算单，基本要覆盖装修工程中95%以上的开支。当然实际发生的开支经常是会超出预算，一般而言，在常规预算之外，需要打出10%~20%的计划外开支作为预备费用。有了一个详细的预算单，就要尽量严格按照预算来执行了。

对从来没有经历过装修的人来说，要完全在想像中制订出一个具有可操作性的装修预算，是很困难的事。借鉴他人的装修经验和预算单是一个捷径，照方下药，结合自己的实力进行相应调整就可以了。

下面列举两份装修材料采购清单，供装修者参考。

1. 某家庭装修材料清单(三室两厅，包清工方式)

序号	项目	材料	品牌	金额合计(元)	备注
1	电	吸顶喇叭		198.00	
2	路	布线箱	奇胜	600.00	
3	改	双频电视线		236.00	
4	造	音响线		245.00	

续表

序号	项目	材料	品牌	金额合计(元)	备注
5	电路改造	电话线		33.50	
6		电线		1191.00	
7		暗盒		107.20	
8		电脑线		220.00	
9		电线卡灯		15.00	
10		绝缘胶带		20.58	
11		压线帽		28.10	
12		电线管	金狮	549.80	
13		管箍	金狮	125.70	
14		入盒接头锁扣		91.20	
小计				3661.08	
1	水路改造	热水管PP-R	皮尔萨	2000.00	
2		弯头		12.00	
3		镀锌管		111.00	
4		镀锌管配件		28.60	
5		回丝		13.80	
6		水泥防水涂料		952.00	
7		弯管弹簧		25.40	
8		浴缸落水		184.90	
9		波纹管		161.90	
10		地漏	踊跃	217.50	
11		八角盒		46.24	
12		角阀		64.00	
13		活球阀	踊跃	33.00	
14		生料带		37.70	
15		三角阀	JM	288.00	
16		自攻螺钉		100.00	
小计				4276.04	
1	吊顶、隔断、板材	石膏板	龙牌	517.70	如果包工方式为包工包辅料,则此项目所列用品大多应为施工方购买
2		杉木细木工板		1814.00	
3		12厘多层板		384.00	
4		杉木集成板		278.00	
5		白松板材		456.19	
6		9厘多层板		324.00	
7		水曲柳夹板		1035.00	
8		杉木吊顶龙骨		546.00	
9		杉木护墙板	珍林	340.00	
10		黑胡桃板		99.00	
11		木龙骨	米高	138.00	
12		柳桉		71.68	

续 表

序号	项目	材料	品牌	金额合计(元)	备注
13		门线条		4253.00	
小计				10256.57	
1	施工用具	钢凿		21.00	如果包工方式为包工包辅料，则此项目所列用品均应为施工方购买
2		黄铜丝排钉		127.00	
3		蚊钉		28.00	
4		切割刀	高锋	221.00	
5		铅笔红		26.60	
6		锯条		28.74	
7		美工刀		59.59	
8		田岛替刃		15.60	
9		砂纸		103.60	
10		封裂护角纸	郝斯顿	90.00	
11		熟胶粉	荷立	399.00	
12		刷子		93.76	
13		羊毛刷		68.30	
14		滚筒刷(柄)		35.60	
15		进口滚筒芯		112.00	
16		装修美纹纸	郝斯顿	100.20	
17		断裂刀	乐士	78.00	
18		白回丝		36.80	
19		特效除尘粘布		29.00	
20		接缝料	可耐福	93.80	
21		铁揪		15.00	
22		旧塑料袋		50.00	
小计				1832.59	
1	胶、漆、腻子、其他辅料等	填缝剂		110.00	如果包工方式为包工包辅料，则此项目所列部分用品应由施工方购买，如水泥、砂子、漆等
2		801胶水		300.00	
3		胶粘剂		9.50	
4		木器套装底漆		516.00	
5		黄砂		180.20	
6		水泥	象牌	1065.00	
7		防火涂料		78.00	
8		万能胶	佳合	285.00	
9		防锈漆		4.50	
10		二甲苯		23.50	
11		防霉硅胶	透明	203.60	
12		白胶		591.00	
13		乳胶漆(含底漆)	立邦	3590.00	
14		聚星底漆		1032.00	
15		聚星清漆		536.00	

"我的房子我做主"之明白家装

续表

序号	项目	材料	品牌	金额合计(元)	备注
16		清漆	长春藤	348.00	
17		防蛀粉		138.00	
18		滑石粉		193.50	
19		石膏粉		87.50	
20		超低醛粘接剂		474.00	
21		PVC阳角线	雪登	264.00	
小计				10029.00	
1	五金	龙头		2669.50	
2		门滑轨(套)	达美华	209.80	
3		铜门吸		59.60	
4		移门锁		14.90	
5		门铰链		143.20	
6		门锁	日本	1260.00	
7		开关	松下	537.60	
8		白面板	松下	49.60	
9		五孔插座	松下	924.72	
10		弱电插座	松下	1008.70	
11		灯源	欧斯朗	526.60	
12		变压器		362.60	
13		灯杯		15.80	
小计				7782.62	
1	主材及大项	地砖	斯米克	1602.90	
2		墙砖	吉尼斯	3502.90	
3		水曲柳工艺门		2390.00	
4		浴霸	沪吉	1056.00	
5		橱柜	欧卡罗	12000.00	
6		整体台盆	HCG	3220.00	
7		淋浴房	新吉聚	1730.40	
8		铝扣板	星丽宝	2800.00	
10		漆板	纤皮玉蕊	15806.70	82平方米
11		吊扇	索尼卡	1300.00	
12		杉木护墙板	珍林	412.80	
13		科曼多柜子		14000.00	
小计				59821.70	
总计				93998.52	

上述家庭属于包清工的方式，仅材料费就花费近10万元，还不含灯具、窗帘等。加上装修人工费用，总装修工程款至少要13~16万元，如果再加上后期的家具、电器，至少要20万元左右。从该项目的费用看，

属于较高档的装修了，所采用的电器、橱柜乃至管道和开关插座都是清一色的高档环保产品，因此费用不菲。

CS家博士提示：

包清工方式的优点是，所有材料均由业主自己采购，质量有保障，比较令人放心；缺点是甚至一个膨胀螺栓、一个刷子全部都要由业主自己掏腰包采购，这样一来多少会造成材料和装修工具使用上的浪费。此外，事无巨细，上百项的采买项目，如果不是有足够的时间和耐心来操心，一般的业主恐怕也是承受不了的。所以，这种运作方式对一般业主可能并不适合。但由于上述预算清单涉及几乎所有的材料开支，所以对装修族了解装修支出项目有较好的参考作用。

2. 某家庭装修主材采购清单(跃层，包工包辅料方式)

序号	名称	品牌/规格	总计(元)	备注
1	橱柜	海尔	12500.00	
2	楼梯踏步	瑞嘉	2825.00	
3	地板	马可波罗	12484.00	
4	瓷砖	英陶	9245.65	
5	浴室柜	丽莎	4040.00	
6	大理石	大自然	2400.00	
7	淋浴屏	法恩莎1610	2780.00	
8	纱窗门	方太	1280.00	
9	马桶	cxw-189-D5BH	2250.00	两个
10	烟机	方太 FLB	1876.00	
11	灶台	阿里斯顿	1059.00	
12	热水器	奥普	1569.00	两个(其中一个为10升容量)
13	浴霸	龙胜	598.00	
14	排风扇	箭牌	136.00	
15	脸盆	箭牌	285.00	
16	龙头	箭牌	268.00	
17	龙头、淋浴喷头	箭牌	975.00	
18	角阀S弯等	顶固	160.00	
19	烟斗合页	松山	315.00	63支
20	地漏	顶固55cm	60.00	
21	抽屉滑轨	大华	245.00	7副
22	门锁	顶固,方林	825.00	6把
23	门合页	嘉宝莉,汉高	126.00	7副

续表

序号	名 称	品牌/规格	总计(元)	备 注
24	门合页	顶固,方林	126.00	7副
25	勾缝剂	嘉宝莉,汉高	102.20	
26	开关插座灯泡	TCL	858.34	
27	各类灯具	欧普	2458.00	
28	镜子		155.00	
29	卫生间五金挂件		1040.00	
30	厨房五金件		122.00	
31	门吸		190.00	
32	门把手		150.00	
33	衣柜挂衣杆		108.70	
34	晾衣架	洪迪	240.00	
35	卫生间挂柜		195.00	
36	窗帘杆和竹帘		1027.00	
37	波音软片		500.00	
38	其他		401.00	
总计				65848.69元

　　上述家庭属包工包辅料方式，包括水电材料都由施工方负责，这样在采买方面就省心多了，也节省了购买施工工具的费用。在主材方面，该业主花了6万多元，主要花销在橱柜、地板、瓷砖等大项上，其他方面基本使用的也是名牌产品。加上工程款和辅料，该项目的总价款约在8～10万元，这是一个比较理性、适中的装修方案，具有较强的代表性。

装修省钱的窍门

装修花费不多，但效果理想，是每个业主所向往的。怎样才能少花钱多办事并办好事呢？对没有装修经验的业主来说，应把握好以下几个原则：

一、合理设计是前提

合理设计就是说装修要符合居住的基本功能，不能单纯为装修而装修，而忽略了家是一个需要舒适、宁静和方便，以人为本的地方。合理设计就是说家不是设计师的试验田，不是装修公司的样板间……如果忘了这个基本前提，很有可能得到一个这样的结果，花光了口袋中的银子，装修出来的家却并不满意，要是看着太别扭还得拆了重装，既费钱又费力。有这样一个案例：

案例：某业主花了两千元请了一个收费设计师，设计师给他家客厅设计了一个宽大吊顶，餐厅则设计了覆盖整个餐桌的金属拉丝板满天星吊顶。按照设计师的尺寸做出的吊顶，覆盖了客厅小三分之一的顶面，巨大的吊顶像一片乌云笼罩在未来沙发的上空，餐厅的吊顶里装几根灯管，然后开满了小孔，做完的效果就像暗夜里零散的星斗在夜空中眨眼。在施工完之后，业主却无法接受，最终做出了拆的决定。在损失几千大洋后又回到了最初的起点。

因此装修前做预算时一定要把设计考虑清楚，比如要不要吊顶这样的大工程，如果装完了再改，花的就是双倍的钱。

如果觉得自己对设计实在不太懂，不妨把自己或设计师的设计想法或图纸，给装修过的亲戚朋友看，有过实际装修经验的人，不但对潮流有自己的体会，在设计方案的可行性上也有一定的经验。还有一个好方法，就是把方案上传到网上的装修论坛，请网友们评论。互联网是一个藏龙卧虎的地方，不但有大批的在装修"同学"，还有一些设计师、装修专家，他们会对你的方案"评头论足"，从而避免了因设计不专业、不合理，而在装修过程中边做边看、边做边改所带来的人力、物力、财力浪费。

二、用预算方案控制"总支出"

如果没有一个完整的预算方案来控制自己在装修中的每个项目，仅凭自己随心所欲，时松时紧，不但会陷入装修的无底洞中，更可能造成装修上"虎头蛇尾"，前松后紧，装修选材严重不协调，这样既造成资金浪费，又会严重影响装修效果。

因此，在装修动工之前，有个合理的预算方案，对每个项目的用料数量、档次、价格及工资都清清楚楚，支出总额才能有效地控制。用合理的预算方案来控制装修，完全可以让你既装修出满意的房子，又捂紧了钱袋子。

三、找优秀施工队执行工程

在施工过程中，由于设计不到位或施工工艺达不到要求，经常有返工情况发生，造成材料和人工的双重浪费，这是装修中的一个大黑洞。好的施工队伍会根据施工的原则进行各项工艺，如在材料的使用上，他们有专人下料，下料时先开大料，后开小料，再利用边角余料，使材料得到最大限度的利用，从而降低生产成本。如果能找到技术水平高，又头脑灵活，在工艺、选材上能替业主精打细算的队伍，则不但提高材料利用率，杜绝返工，还会得到比较令人满意的工程质量。因此，优秀的施工队伍可以帮助业主更有效地执行装修方案。

四、做个采购"高手"

选择促销产品： 在一些建材家居店里，常常有一些样品或特价促销品，这时是拣便宜的好时机。如"家世界"、"百安居"等大型超市，常常在节假日或店庆活动期间，对某些产品进行特价促销，过一段时间后就会恢复原价。不过采用这一招时要当心买到残次品。另外，可以选购一些高档品牌的库存产品。由于高档品牌产品更新很迅速，经常会将库存的旧产品打折出售，而产品的质量是没问题的，超低价买来的顶尖意大利瓷砖、德国洁具等高档产品同样能让你的生活舒适而有档次。

集中采购：在同一个地方集中采购，可以获得较好的折扣。可以先看好多种需采购的东西，一次采购。组织或参加集采也是省钱的有效办法。由于集采形成一定的规模，常常能够拿到批发价。现在许多小区业主在装修期间会经常组织一些集采活动，在网上也有一些专业的集采者，稍稍留心，就能省下不少银子。

最后，最重要的一点，就是要学习侃价技巧。如果装修前你是一个不善于侃价的人，那么，在进行装修时，想要控制住一分一厘，就必须学习一些侃价技巧。已有不少精明的装修前辈们总结出了侃价秘笈，有十几招呢，现将部分精髓摘录如下：

1. "心中有数"

先把市场上的同类材料整体看一遍，不喜欢的就断然放弃，喜欢的就记录价格，同一款式可四处比较，心里先对价格有个底。第二遍开始真刀实枪地杀价，按照刚才的顺序再扫一遍。确定自己最喜欢那一款，然后报出比已知的最低价还要低一些的价格，这时，销售商知道你已经掌握了底价，也就不敢太"黑"你了。

2. "瞒天过海"

如果没在该市场找到同类产品，那就只好硬着头皮去"瞎侃"了。先想好一个自己能接受的心理价位，然后认定在某某市场看到过同样的产品是卖这个价格，让销售商知道他的东西不是独一无二的，他就不敢乱开价了。

3. "声东击西"

看中某个款式的东西，先不要直接向销售商问价，可以找一种替代品与销售商猛侃，感觉销售商已经出到最低价了，然后装着漫不经心的样子询问自己喜欢的产品的价格。这时销售商会以为你要买两种，报出的价格可能就比较实在了，然后再把他报出的价格砍掉一点，价格就比较合理了。当然最后，还得告诉销售商，你只要这一种，前面那个不要了。不管销售商的脸多么难看，都不必内疚！

4. "持久战"

如果以上方法都不灵，就用这个相对较笨的办法，那就是持久战。

跟销售商软磨硬泡，坐在店里赖着不走，东拉西扯，磨到销售商烦了，为了不耽误做生意，只好把东西卖给你，这个时候，你就胜利了。当然，运用此法需要脸皮较厚，有足够的时间与耐心。

另外，还有什么"得寸进尺"、"擒贼擒王"、"乘胜追击"、"浮夸掌"、"顺手牵羊"、"迷魂阵"等招法，要是有灵性和悟性将这些侃价大法一一学会并发挥到极致，在采购中省下的银子可就非常可观了。

五、省钱还要兼顾细节

持"大部分便宜小部分贵"的原则，重点装修的地方，可选用高档材料、精细的做工，这样看起来会有较高的格调；其他部位的装修则可采取简洁、明快的办法，材料普通化，做工简单化。这样做既实惠，装修质量又能得到保证，且不失令人满意的装修效果。

在一些细节的处理上把好关，也能省下不少银子，比如：

1. 墙和房顶使用不同品牌的乳胶漆，例如墙刷多乐士五合一，而顶部刷立邦亚光漆。不但省材料费，还省人工费，效果也不错。

2. 尽量使用色彩而不是造型去达到目的。不要做复杂且费木料、费工时，效果也不太好的背景墙之类。如果可以用绘画作品来代替某个造型，那就取消造型。装饰不但省钱，看烦了还可以更换。

3. 如果日后可以买到合适的家具，就尽量不要制作家具。木工最贵，而且做的家具质量不如家具公司流水线生产出来的有保障。

4. 如果不是非常需要的布线，可以取消。有些人在目前只有一台电脑的情况下就考虑日后联网问题，其实完全可以等以后使用无线网络。再如电话，真的需要那么多电话吗？或者使用无绳电话更方便。

5. 家不是展示厅，所以不要安装太多的灯，够用就行了。比如有些射灯，可能一年也难得开上几回。

如何办理装修贷款

对于贷款买房，现在人们已经习以为常了，但是对于装修贷款，可能还不是很熟悉和习惯。其实，贷款装修对于一些业主来说，也未尝不是一个好的选择。也许在不久的将来，贷款装修就会像贷款买房和买车一样走进百姓家了。之所以要贷款装修，是因为一些人将所有的钱都用于买房了，所以装修的费用难免有点紧张。在这种情况下，完全可以考虑贷款装修，以解燃眉之急。

为了让消费者了解装修贷款的手续，在此对装修贷款的有关情况作一些介绍。

一、个人申请住房装修贷款条件

1. 具有本市城镇常住户口或有效居留身份。
2. 必须具有购买住房行为或拥有自有住房。
3. 持有装修合同。
4. 有银行认可的作为抵(质)押的资产，或有具备足够代偿能力的单位或个人作为承担连带责任的保证人。

二、贷款流程

1. 向银行提交《个人住房装修借款申请书》，同时向银行交验有关证明和资料。
2. 银行对借款人交验的有关证明和资料的真实性、合法性及资信程度审查认可后，承诺贷款。将与装修公司签订的装修工程合同正本提交银行。

3. 借贷双方签订《个人住房装修借款合同》和相应的担保合同。以住房作抵押的借款人应办理《个人住房抵押合同》的公证，抵押住房保险和房地产抵押登记手续。

4. 银行办妥借款担保手续或收押《房地产其他权利证明》后办理放款手续。

5. 银行受借款人委托，按借款合同约定的时间，以支付装修用款名义将贷款资金以转账方式划至装修公司或销售装修产品单位在银行开立的账户。

三、装修贷款额度和期限

1. 个人住房装修贷款额度：起点为人民币5000元，最高不得超过15万元。其中，采取抵押方式担保的，贷款额度不超过抵押物价值的70%，采用质押方式担保的，贷款额度不超过质押物价值的80%。

2. 个人住房装修贷款的贷款期限最短为半年，最长不得超过五年（含五年）。

四、还款方式

1. 贷款期限为一年以内含一年的，到期一次还本付息。

2. 贷款期限一年以上的，可选以下其中一种方式：按季结息，按年等额还本；按等额还款法按月偿还贷款本息；按递减还款法按月偿还贷款本息。

"别对我虚情假意"——
理性选择装修公司

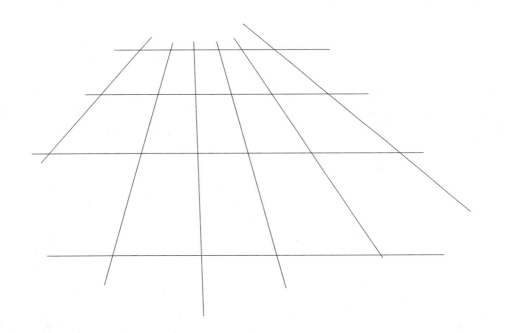

选择装修公司的原则

有一则报道，说的是一个博士在装修新家时，装修公司断断续续干了一年还没完工，预算的3万元钱早就超过了，公司还一个劲地找他要追加装修款。诸如此类的报道隔三岔五就见诸于报端，看得准装修族们心惊心跳。把房子交给谁？装修公司多如牛毛，到底谁才能实现自己美丽新家的梦想？这确实是一件非常头疼的事。找大公司，收费奇高，咱普通百姓只做简单装修，做惯了豪宅的他们能对这些小工程认真对待吗？找游击队，什么行业都有滥竽充数的，这些游击队能信得过吗？那找中小型装修公司吧，市场上那些公司倒是挺热情的，可是能相信吗？装修中处处是学问，找个装修公司也得好好学习准备一把才行呀。

一、"谁敢揽瓷器活"——装修档次决定装修公司的选择

每个家庭在装修自己的新家之前，都会有一个基本投资计划和装修要求。装修要求一般包括材料选择、施工工艺要求和设计要求等，各家的装修投资也大不相同。所以挑选装修公司时的一个重要方法就是"对号入座"，即做什么要求的工程找什么档次的装修公司(队)。

标准型装修：

如果确定了标准型装修形式，就可以找两三家施工能力较强的装修公司，对公司的设计能力不必太注意。在与公司谈方案时，要注意对方施工方面的实力和业绩，自己的要求也要充分表达清楚。

中档型装修：

指除标准型以外还融入部分设计想法的常规装修，包括如艺术造型

吊顶、特色家具等。如果装修属于中档型，就可以找一些中小型有设计能力的公司，这类公司一般都能满足业主对设计和施工的基本要求。

高档型装修：

高档型装修与中档型的主要区别在材料和做工，这时，选择装修公司就要十分慎重了。因为对设计和施工两方面的要求都比较高，应选择中型以上规模的公司，不妨挑选一些知名度较高的公司，考察公司的实力和业绩，多多比较筛选，再确定适当的公司。

豪华型装修：

豪华型装修不仅要有高级设计师的设计，还要选择精品级的材料，最后要有精湛的施工。选择装修公司时要综合考虑公司的设计、采购、施工管理等各方面能力，以保证业主居室的装修质量和效果。

二、装修"正规军"VS"游击队"

选择装修公司，就需要根据自己的装修档次选择适当规模的公司。目前，装修公司或施工队主要有以下几种类型：

(一)大型装饰装修工程公司

优点：有专业设计力量，有较稳定的技术管理，质量有保证，有保修期，有相对稳定的合作队伍，包工包料，业主省心，效果放心。

缺点：因工人不是长期工人，技术不够稳定。对家居等小型装修不上心，转包他人可能性大，且价较高。

注意事项：要签合同，指定该公司信得过的技术人员跟踪服务。要分期付款。

适用范围：高档豪华装修。

(二)中小型装饰装修公司

优点：规模不大，但具有一定的设计力量，有相对丰富的技术管理经验，工人队伍稳定，质量有保证，可包工包料，服务态度好，业主省心，有保修期。

缺点：因公司规模小、工程多，管理技术力量配备不足。

适用范围：家居个性装修。

注意事项：选定管理及施工人员，确定他们的施工质量后才可签约付款。

(三)挂靠装修公司的装修队

优点：有简单施工图纸，有相对完整的管理办法，质量有一定保障，有保修期，有短期施工队伍，包工包辅料，业主省心。

缺点：工人非长期工，质量不够稳定。

适用范围：中低档家居装修。

注意事项：报价低，但施工过程中要防止加价。

(四)熟人的装修队

优点：一般由朋友介绍，质量较前两类队伍可靠，家居安全相对有保障，价格较合理。

缺点：因队伍无固定经营场所，维修无保障。设计力量弱，难体现效果，因而返工多。

适用范围：中低档家居装修。

注意事项：开工付款前一定要详审预算单和签订质量担保合约，因相信朋友反而多花钱的不在少数。施工造价尽量一次包定，以免施工过程中不断加价。

(五)包工头

优点：施工质量稍有保证，有一定的维修保障。

缺点：因工人不固定，难免有偷工减料、责任不到位现象。质量不能完全保证。没有设计服务，难以体现效果，返工浪费大。

适用范围：普通家居装修。

注意事项：严格按进度付款(包工头携款失踪，工人来找业主要工钱的情况屡屡出现)。

(六)"马路游击队"

优点：价格低廉，易成交，可以包清工。

缺点：人多而杂，不好管理，留有不安全隐患，质量难有保证，没有保修期。

适用范围：地砖、瓷砖铺砌，水龙头安装，按图做柜及搬运等施工项目，包工不包料。

注意事项：一定要登记装修工的身份证。

上述各装修队伍比较来比较去，各有优缺点，但到底把房子交给谁呢？如果还找不到满意的答案，可参考以下介绍：

1. 可以考虑选择"游击队"的情形：买完房后钱包空空，一分钱想当二分钱花；老房子，小房子；简单装修，没有特别设计要求的；有大把时间可以在工地跟进，去建材市场买东西；非业内人士但确有办法能控制、对付和镇住"游击队"的；业内人士(装修业和建材业)；不需要日后保修和维护的，诸如此类。

2. **可以考虑选择装修公司的情形**：买完房后口袋里还有些钱；新房子，大房子；对房间一定的设计要求；工作繁忙而没有太多时间用于跑装修；对装修业的门道不清，对建材行情不熟；图省事，不愿动手动腿动脑的业主；经常出差在外的人，等等。

三、"是骡子是马拉出来遛遛"——装修公司实力鉴定

在考察装修公司时，不管是选择哪类装修公司或施工队伍，还需要从以下几个方面考察和选择装修公司，进行理性选择。

(一)装修公司合法性考察

要选择有相关部门核发的营业执照和建筑装修企业资质证书的企业。审查施工队伍从事家庭装修是否合法，首先应该检验其营业执照，企业只有在营业执照确定的经营范围内从事经营活动，才是合法经营。

选择正规装修公司，除了要检查营业执照之外，公司有无正规的办公地点，是否能出具合格的票据等，都是要仔细考察的。北京市建委颁发的"建筑装修工程施工企业资质等级"是建设行政主管部门对施工队伍能力的一种认定，它从注册资本金、技术人员结构、工程业绩、施工能力、社会贡献等六个方面对施工队伍进行审核，核定四个等级，取得资质的企业，技术力量有保证，从事家庭装修一般不会有问题。

但由于家庭装修市场的混乱，有资质等级特别是有高资质等级的单位不愿承接，而有营业执照、营业范围内有装饰装修项目的大部分企业，又没有到建设行政主管部门办理资质，这就给家庭装修施工队伍质量的识别带来相当的困难，需要业主认真鉴别。目前，在家庭装修市场上承揽家庭装修业务的，一般都是那些有资质公司派生出的子公司和经营部。而在这些子公司和经营部中，"挂靠"也不在少数。所谓"挂靠"，就是一些小型企业或个人，每年向这些大型装修施工企业上缴管理费，使用这些公司的名义来承揽工程。这种挂靠单位的水准往往与公

司本身水准没有直接关系，需要警惕这种假合法公司的骗局。

(二)装修公司设计能力判断

装修公司设计师的前期接待工作，是考察装修公司设计能力一个非常重要的环节。当设计师为客户"出谋划策"的时候，需要注意几点：设计师介绍公司情况时往往夸大其词；经常使用"没问题"一类的词语；工程量计算偏低；遗漏计算项目；不详细介绍工艺做法和质量标准。通常这是设计师急于签单，增加个人收入，对客户进行欺诈的几种手段。

另外，要看公司设计服务意识的高下。包括：能否为客户考虑怎样节省资金；制作家具的布局及数量是否合理；纯装修性的项目造价是否过高；创作思路是否新颖适宜；对客户的服务能否贯穿始终，等等。

(三)了解装修公司与施工队伍的关系

装修公司及装修队对施工队伍的管理，是决定选装修公司还是装修队的重要判断依据。一些大型装修公司根本就不设立固定的几个人一组的装修队，而是形成一个几十人的装修队伍，根据工程需要对装修工人进行统一调配；有的装修公司则实行项目组的形式，由一支支几个人的固定装修小组承接装修项目；还有的公司则找一些装修队挂靠在公司下面，有项目就发包给装修队去做。如果装修公司和装修队之间是一种松散的挂靠关系，那还不如直接找装修队。因为在这样情况下，装修队的施工质量，不仅对顾客是个"黑箱"，对装修公司也是"黑箱"。最糟糕的情况就是装修公司临时找装修队来做工程。

(四)施工队伍施工水平考核

找装修公司，最关键的是看施工队伍的施工水平。通过对施工队伍施工过程、竣工工程的考察，可以判定其设计能力、施工能力、工程质量水平、现场管理能力和服务水平。任何一支成熟的施工队伍，都是经过反复的工程实践逐步积累起丰富的施工经验，能够比较自如地应付工程中出现的各种急难险情。因此在选择施工队伍时，务必要到该队伍的施工工地和完工工程处进行现场考察。要注意的是，业主如果要看样板间和施工队的话，要确定该施工队即是今后为自己施工的队伍，否则就达不到考察的目的，因为工人手艺会有较大差别的。

装修包工方式

确定装修队伍，还应确定包工方式，即让对方做多少事。一般说来，目前装修包工方式可分为包清工、包工包辅料和包工包料三种，"工"包含人工工资和管理费两大块，"料"分主料、辅料两大块。这三种方式哪种更合算？哪种能保证质量？哪种更适合自己？其实三种服务方式各有利弊，如何选择需要根据个人情况而定。

一、包清工方式

包清工是指业主自己购买全部装修材料，只由装修公司或施工队出人工，只付对方工费。工费一般有两种算法，一种是全包，就是装修工程总的工钱数。另一个算法是按每天每个工多少钱计，一般为40～80元不等，具体价钱和算法可与装修公司协商决定。

确定包清工方式，首先应具备充分的建材知识和充足的时间。因为选择了这种方式，意味整个装修期间业主都得"泡"在装修上，装修时所需的材料，大到瓷砖、地板，小到钻头、钉子，全都要自己购买，如果没有相当的建材知识把好材料关，没有足够的时间应付工头不定时的购买要求的话，不但得不偿失，整个装修期间还会被弄得手忙脚乱。

包清工的优点：

能省钱，这一点对很多人来说是决定因素；如果去进货渠道可靠的建材超市，材料质量有保证且比逛建材市场省精力。

包清工的缺点：

需要花费很大的精力和时间，如果购买材料不及时，容易延误工期；不论是去市场还是去超市，肯定比包工包料费时费力；如果自己无法判断质量，容易买到质次价高的材料；一旦工程质量出现问题，也不易分清是工艺质量问题还是材料质量问题。另外运费也是笔开销,自己雇车,运费高,车的利用率也低。自己买材料,还容易发生工人在施工中的浪费现象;剩余材料易造成浪费。

包清工适合人群:

经济不富裕,关心材料质量的人。如果对装修公司或施工队不太放心也可选这种方式。但个人需要有以下几个方面的条件:首先,装修工程比较简单,需要采购的装修材料比较少;第二,有足够的精力和时间,并且是一个侃价高手;第三,熟悉建材市场,同时对材料的质量、性能、价格有相当的了解,能准确计算耗材;最后,最好还有方便的交通运输工具。

包清工注意事项:

装修前花时间学习材料知识,做好相应的经验储备和心理准备,如果对材料不懂,最好去建材超市买;每种材料都要留好销售凭证;尽量让工人提前列出购料清单,并集中购买,做好计划少跑腿;多学习侃价方法。

需要注意的是,很多大的装修公司一般不做包清工,因为赚不到材料部分的利润。如果让大公司包清工,则一般要价很高,因为要维持与包工包料一样的利润。所以,包清工往往是一些小公司或者装修队,他们的水准和装修质量不易保证,需要自己更多地费心。

二、包工包辅料方式

包工包辅料的方式是指业主自备装修主要材料,如地砖、涂料、墙砖、壁纸、木地板、洁具等,装修公司负责装修工程的施工及辅助材料的采购,如木材、水泥、腻子、砂子、石膏板、钉子等。业主与装修公司结算人工费、机械使用费、辅助材料费及间接费用等。装修公司可以在人工费、辅助材料费及间接费用等方面获利,业主可减少采购材料的压力。这是目前许多装修公司普遍采取的方式。因为像瓷砖、洁具、木地板等装修主料,价格高,档次多,装修公司购买占压资金大,风险大,所以常让业主自己购买主材。装修公司的报价中只含工钱和辅料钱。

包工包辅料适合人群:

一是对装修主材有一定鉴别能力;二是有部分时间和精力采购材

料；三是施工比较简单，装修主材品种不多；对装修没有特殊要求的人，既不打算太上心又不打算花太多钱。

包工包辅料的优点：

保证装修中主要材料的质量；不必对辅料操心，减少跑腿次数。

包工包辅料的缺点：

购买主材也要花费较多精力和时间，如果购买材料不及时，会耽误工期；如果对装修材料不在行，有可能买到质次价高的材料；购买数量小，价格上享受不到优惠；如果销售方不管送货，运输较为麻烦；材料质量方面发生问题，很难分清责任；对由装修公司负责购买的辅料，其材料真伪和好坏容易失控。

包工包辅料注意事项：

首先合同里要分清哪些材料由业主购买，哪些材料由施工方提供，明确施工方所购材料的品牌与地点；其次要注意施工方购买的辅料，小心对方以次充好；三是业主购买的主材在使用前最好得到施工方的确认，以免出现质量问题分辨不清；最后，注意防止施工方对主材的浪费。

因为主料的选择性比较大，主料的利润也很大，但却会占压大量的资金和场地，一般装修公司没有这种实力为客户提供主料。对于这种装修方式，装修过程中要注意施工方所购材料的质量，并小心工人偷梁换柱。

三、包工包料方式

包工包料是指装修中所需要用到的所有装修材料均由施工方全权负责，由对方统一报出材料费和工费，业主只负责验收即可。

包工包料是大型装修公司喜欢采用的方式，由此装修公司可以得到更多的利润。装修公司常与材料供应商打交道，都有自己固定的供货渠道，相应的检验手段，因此很少买到假冒伪劣的材料，有些装修公司甚至自己生产主材如地板、橱柜、家具等。这种做法可以省去业主很多麻烦，正规的装修公司透明度也较高，对各种材料的质地、规格、等级、价格、费用、工艺做法等都会给业主一一列举清楚。

包工包料的优点：

相对前两种方式，可使业主省不少精力，不用自己去跑建材市场买材料；出了问题容易分清责任。

包工包料的缺点：

总价格高，一般比起前两种方式，所费的资金要多出 30%~50%；不易按照业主的喜好选择材料的风格与档次；材料质量也容易出现问题，尤其是隐蔽工程项目材料和小五金件。

包工包料适合人群：

工作很忙，没有足够的时间和精力搞装修；经济实力较强；对装修材料一无所知；装修工程较复杂，需要购买的装修材料较多，对所选装修公司较信任。也可以说，包工包料最适合有经济实力又没有时间的业主。

包工包料注意事项：

一是采取这种方式对装修公司的依赖度较高，因此一定要找有信誉的大中型装修公司；二是要签订一份详细的装修合同，不光要写明所需材料的品牌、规格，还要特别注意对装修步骤的要求；三是验收每一批材料，保留发票之类的凭证；四是要严格监督工程，查看施工是否与设计符合，工序是否正确，防止偷工减料。对于自己不懂但又很重要的工序，如水、电改造，不妨请专业人士监理。

"我的房子我做主"之明白家装

装修公司常耍的"花招"

在缺乏诚信的今天,遇到不良装修公司是装修族们最担心的事。市场上装修公司或装修队浩如烟海,其中有资产过亿的大型装修公司,也有卷几个铺盖卷就打天下的包工队,其信誉和技术水平参差不齐,虽然不能一杆子将所有的装修队伍打死,但俗话说"小心行得万年船",了解一些不良装修队伍的骗人之道,则可防患于未然。

一、"打折"陷阱

有些装修公司的打折促销是基于一定的前提条件的,并带有很多附加条件。如在签订合同前,装修公司可能会许诺七折优惠,并要求业主交纳一定金额的订金,但在签订合同的过程中,装修公司会再给业主一个详细的项目内容,可能仅有部分项目可以享受七折,而全算下来,得到的折扣并不是预先想到的那么诱人。

应对方法:避免盲目的选择促销活动。在咨询的过程中仔细了解打折促销的条件和要求,多向公司提出几个假设条件,比较各公司的促销价格,根据自己的预算和施工要求,选择对自己最有利的促销活动。

二、装修预算书中藏"机关"

一些装修公司经常会在装修预算书中做手脚,以求得到更多的利润,对于这些暗藏的"机关",稍不注意,就有可能上当受骗。以下是对其中一些"机关"的破解大法。

(一)"拆项法"

装修公司最常用的手法之一,这种手法在南方城市较为普遍,是装修界恶性价格竞争的后遗症。

例1：地面大理石或者玻化砖：主料自购，辅料20元，人工20元；地面找平：主料12元，辅料2元，人工6元。合计：每平方米60元(不包括主料)。分析：铺贴大理石是采用干铺工艺，一般有4厘米厚的水泥和黄砂，都是一次成型的，不存在地面找平的工序。

例2：乳胶漆(多乐士超易洗一底两面)：主料10元，辅料3元，人工3元。墙顶面批嵌(两遍)：主料3元，辅料2元，人工3元；合计：每平方米24元。分析：乳胶漆施工是包含批腻子这个内容的，分开的目的只是为了赚更多的辅料方面的费用。

应对方法一：装修公司拆项，业主可以并项。找出哪些项目是他们拆开的，合并起来看总价，然后到市场上比较一下同样的工艺价格。

应对方法二："套口风"。装修公司喜欢建议业主做门，应问清楚一扇门要用多少材料。装修公司会告诉业主用了两张面板，两张细木工板，以及多少多少的辅料。门是900毫米宽，2米高，细木工板和饰面板的规格是1.2米×2.4米，业主可以问装修公司剩下材料的用处，可建议用在门套上，那门套的价格就得降下来。知道了装修公司的这个手法，业主就能合理地砍下他们预算中的水分。

(二)"漏项法"

这是小装修公司常用的恶劣手法，欺骗业主不懂，故意漏项少报项目，使预算看起来很低，真正施工时，以预算中没有这个项目而要求重新报价，然后漫天开价。由于业主在装修时处于弱势，因此很多人只能忍气吞声，伸头挨宰。应对这个漏项法，惟一的解决方法就是自己要学会做预算。

(三)"单位"变换

装修公司经常在计量单位上玩花样，最常见的就是把单个门套、窗套变成米计算，把大理石用米来计算，反正什么计量单位对装修公司有利就用哪个。

例子：窗台大理石，米黄(300毫米宽)，单位：米，主材价格每米180元，磨边、倒角另外计算。分析：大理石采购的时候都是按平方米计算，无论大小，普通米黄价格在每平方米300元，300毫米宽的一米大理石的面积是0.3平方米，按每平方米300元计算就是90元。

(四)"主料暂定价"

预算书中关于包料经常有这样的说法，某材料品牌是什么，价格是多少，看起来很明确，可是到了建材市场一看，就会发现所提供的这个材料多数是同品牌中的低档货，根本就不是业主想要的那种材料，想要中意的材料就得给他们补差价，造成自己的预算不断超支。

应对方法：业主先看中型号，然后报给装修公司，让他们提供准确的价格，这样可以很好地控制自己的装修预算。

三、降低施工工艺标准

业主一般对木工、瓦工、油工等这些"看得见、摸得着"的常规工程项目比较注意，监督得比较严格，但由于目前家庭装修还不是标准化生产，在缺乏统一标准的情况下，很多施工工艺都没有量化的指标，再加上业主对于隐蔽工程和一些细节问题知之甚少，不少施工人员常在此做文章。

比如：刷一面墙究竟需要多少油漆，有的施工人员告诉业主需要6桶油漆，实际只用了5桶，剩余一桶再卖给干"私活儿"的工地；或者铺一个房间需要多少块地板，有的施工人员从整盒的地板中抽出几条，积累多了后再卖；又如有些公司规定内墙要刷三遍墙漆，但施工队员只刷了一遍，表面上看不出有任何区别，但实际上却降低了工艺标准；又如给排水改造、防水防漏工程、强电弱电改造、空调管道等工程，短期内很难看出问题，时间一长，毛病就会暴露出来。

应对方法：多抽些时间到工地监督，或者聘请专业监理人员帮助盯工地。

四、装修工程转包

装修队的选择非常重要，不能有丝毫马虎。如果选择到一个合适的装修队，会在装修时省去很多不必要的麻烦。有的中小型装修公司或包工头接的工程多而手下工人不够时，常会抽成后转包。转包后的后果是业主之前做的所有考察工作都白做了，面对的是一个自己一无所知的队伍，因此装修质量难以得到保证。

应对方法：经过谈判确定价格和工艺后，在拟订合同时一定要确认装修队就是自己看中的那支才行，可以事前询问好工长姓名。

为避免上述陷阱，在选择装修公司中，还要做到"几不"：

1. 不要轻信不实广告。广告与实际不符，占装修投诉案件的相当一部分。投诉原因就是：装修公司的广告吹得震天响，但在装修过程中却名不符实。因此千万不要轻信装修公司"零利润"、"友情装修"等字眼。

2. 不要轻信熟人介绍。熟人介绍的装修公司(装修队)有可能利用业主对自己的信任，以及出了问题业主会顾及"熟人"面子等心理，来个杀熟。所以，即使是熟人推荐，也一定要和装修公司签订正规手续。

3. 不盲目相信样板间。装修公司的样板间基本是不计成本的，往往是选最好的设计方案，用最好的材料等。但是，业主如果仅仅凭此选择装修公司的话，很可能吃亏上当。

4. 不贪图便宜凭报价选择装修公司。装修公司在报价中，给业主设下很多陷阱，比如在材料清单和工序清单上故意隐瞒很多必须项目，以较低的报价同业主签订合同，等工程开工后就边做边加，最后远远超出当初的报价。

5. 切忌草率签订合同。装修公司的合同都是改良后的格式化合同，如果业主不仔细推敲很难发现问题。如有一个典型例子，在正规的装修工程合同中，装修公司每延误一天，就要被扣除工程总造价的3%。结果装修公司将这个项目改成了"违约赔付甲方3%元"，结果装修公司每误工一天，只需赔偿业主3厘钱。

谨慎签订装修合同

考察好了装修公司，确定包工方式，下面就是要签订一份详细的装修合同了。这项工作看似简单，却是最不能马虎的环节。我们最爱说一句话"白纸黑字"，就是说什么都要立字为凭，写在纸上就不能轻易反悔了，就具有法律效应了。口头上为自己争取的利益和保障都需要通过合同来保证，所以对于这份合同应小心谨慎地对待。签订一份对业主有利的装修合同，需要做到以下几方面：

一、"别盲目套牢自己"——签订合同前须知

（一）签订合同急不得

有的人在家庭装修谈判过程中往往比较仔细，节奏也比较慢，但是一旦谈判过程结束，面临签合同时，就开始急躁，希望尽快和装修公司签完合同，以便进入施工阶段。其实越是这个时候越不能急，一定要考虑清楚与装修公司之间有关价格、材料、施工方案等内容，看看是不是还有没搞清楚的地方？一定要沉住气，细审预算书、方案和合同，把各方面情况都考虑好了再正式签合同。

（二）检查装修公司的手续很重要

一个合法经营的装修公司，营业执照是必需的。现在很多公司都开设了分支机构，对这样的公司，应该检查他们是否有法人委托书。如果工程不是太大，要求也不是非常高，则没有必要要求过高的资质等级，一般家庭装修，装修公司有四级资质足矣。

（三）设计方案与装修说明是根本

一个完整的家庭装修设计方案，首先设计图纸应该齐全，它应该包

括：房间平面图、必要的立面图、必要的顶面图、水电图以及现场制作的家具图，等等；此外需要审查设计图纸是否介绍了图纸的尺寸、比例、选用的材料以及工艺做法；如果有缺项，应该要求装修公司补齐。

（四）合同范本要预习

签订合同前可以要求装修公司先提供一份合同范本。首先要看对方出示的合同是否是由工商局制订的标准文本。如北京市装修市场统一执行的就是市工商局颁发的"北京市家庭居室装饰装修工程施工合同"。这种标准合同充分考虑了双方的权益，条款较完善。其次要仔细阅读合同条款，做到心中有数，避免签订合同时漏项。必要时，可签补充合同。

二、细心核对预算书的项目

与装修公司的谈判项目最终都会体现在装修预算书上，装修公司往往会在上面大做文章以求更多的利润。装修公司在签订合同前，都会给业主提供一份设计方案和一份预算书。如果业主能"吃透"这份预算，并以此为依据和装修公司讨价还价，不仅能节约装修预算，还能在签订装修合同时，预防施工中可能出现的问题。审核预算书时要特别注意以下问题：

（一）工艺做法

很多装修公司给业主的预算书上，只有简单的项目名称、材料品种、价格和数量，而没有关键的工艺做法。业主应要求对方在预算书中加入工艺做法，对每个项目的工艺做法都做详细说明。因为具体的施工工艺和工序，直接关系到家庭装修的施工质量和造价。没有工艺做法的预算书，会给今后的施工和验收带来后患。如遇到不正规的装修公司，则是为对方打开了偷工减料、粗制滥造的"方便之门"。还有的公司尽管有工艺做法，但说法很含糊，常常使之后的施工规范产生歧义，这比没有工艺还糟糕。更为恶劣的是，还有的装修公司欺负许多业主不懂装修工艺，明目张胆地在工艺做法上偷工减料。

（二）面积测算

有些装修公司故意在预算中多报施工面积，以获得更高的利润。尤其是在墙面这一项上，一般一个空间的地面和墙面之比是1：2.4到1：2.7，有些装修公司甚至会报到1：3.8。另外，目前很多家庭都包门窗，门窗周边就不用涂刷了，门窗面积不计入涂刷面积。但有些装修公司仍按照以前的惯例，门窗面积按 50%，甚至按 100% 计入墙壁涂刷面积。

(三)相关费用

在预算书的最后，会有一些诸如"机械磨损费"、"现场管理费"、"税费"和"利润"等项目，这些项目其实都属于不合理收费。"机械磨损"是装修中必然发生的，"现场管理"则是装修公司应该做到的，这两项费用其实都已经摊入每项工程中去了，不应该再向业主索取。而根据"谁经营、谁纳税"的原则，装修公司的税费更不应该由业主缴纳。

三、签订合同要注意细节

为了规范家居装修行业，保障消费者利益，国家为此专门制订了家庭居室装饰装修规范合同。对于消费者来说，签订一份国家标准的装修合同是起码的。但在国家标准合同中，也还存在不少地方属于原则性的，另外也还有许多空白的地方，需要由装修双方进行协商决定。此外，合同双方还可以附件的方式，对一些方面进行进一步约定。对于业主来说，约定越细越好，合同条款越有利于自己越好。对此就需要进行深入钻研，提出更多有利于自己的条款。在合同条款中，应特别注意以下一些方面：

(一)明确材料验收细节

家庭装修过程中如果采取的是包工包辅料或包工包料的方式，则签订合同时，首先要约定采购材料的种类和品牌，尤其要注意约定好各种辅材的规格和品牌，这是业主们最不容易注意的，也是装修公司最容易搞鬼的，因为主材太显眼，他们一般不敢做太多手脚；其次，约定材料的规格；第三，合同中应约定材料的参考数量和基本价格；第四，约定材料采购地点，尽量约定全部到建材超市采购；第五，约定材料的供应和验收时间，这一点非常重要，因为材料供应必须与施工进度相衔接；最后，确定材料"验收人"。目前，家庭装修关于材料的纠纷很多，其中一个问题就是材料进场没有验收。所以，合同中应该确定一个明确的能够做主的验收人，以免事后出现纠纷。

(二)明确施工工期

家庭装修延期是一个普遍现象，怎样监督工程按照正常进度有序进行，一份严格的施工计划非常必要，还应在合同当中对如果出现工程延误，约定好惩罚赔偿条款。

(三) 合同中的其他事项

第一，明确水电线路改造价格。多数装修公司在预算书的水电线路改造项目上，只报单价，数量按实际发生计算。一般新建房屋中，电路基本完备，只是有些拆墙工程和附加功能时，需要改动线路，但没有必要全部拆改。

第二，提防预算漏项。在装修合同签字时，工程预算价格只有1万多元，但工程决算下来却可能超出近一倍，这是由于装修工程的增项和预算中不确定项目造成的。原因有二，一是业主不断改变设计，致使费用提高；二是装修公司有意漏报项目。因此，审核合同时尽可能避免漏项。

第三，保修的条文必不可少。一般装修公司对工程的保修期，从三个月到一年不等，要尽可能选择保修期长一点的公司。

第四，付款方式。新款格式合同规定付款方式可分三次付款，开工前付60%，工程过半付35%，验收后付5%。谈判时尽量争取在验收半年后支付最后5%工程款，这有利于约束施工方的保修承诺。另外，对于工程进行到何种程度才算"过半"，双方应有明确约定。

在合同中还有一些需要注意的细节，这都是许多装修过来人总结出的宝贵经验，非常有价值。这些细节包括：

1. 相对装修公司来说，业主方面处于弱势，因此装修公司违约的赔偿费用要约定得高一些，业主方面应低一些。

2. 其他约定的内容越多越好，如：施工现场不得抽烟、不得使用明火；垃圾必须清运到物业指定地点；甲方自购的材料由乙方无偿搬运；除甲方不能及时付款外，乙方不得以任何理由停工；所有变更项目均在竣工决算时结账；水电费由乙方支付；所有变更都应以书面方式、双方签字为准，口头通知为无效；未经甲方同意，乙方不得自行变更施工人员等等。

3. 合同附件是非常重要的内容，一定要让装修公司认真填写，千万不要怕麻烦。其中主材料报价单是最重要的部分，材料名称、单价、数量、品牌、等级都要详细地填写，一旦出现经济纠纷，这就是证据了。

4. 一些附加条款。包括：一是关于按实际结算，是按实际的工程量计算而不是按材料的实际用量计算；二是电工应有电工上岗证；三是因乙方人员未能及时办理各种证件而引起的甲方损失均由乙方承担；四是工程完工后乙方必须提供水电竣工图，甲方签收后方可进行竣工结算；五是因乙方使用与合同不相符的材料导致返工、窝工问题，其费用均由乙方承担，甲方将保留按《消费者权益保护法》的规定处理问题的权利；六是乙方在开工前必须提供工程进度表和甲方采购材料进度表，并严格执行。

  签订合同需要注意的事项较多，但只要记住：不急不躁，小心谨慎，签订时将重点内容备案，随时提醒自己，则可以签下一份对自己较公正合理的合同。但是合同只是一个合同，不要对它寄予太高的期望，如果业主找到是一支很差的装修队，合同可能对他们没有什么实际约束力，因为今天做完你家的活，明天可能就失踪了。所以最关键的还是要选好装修队伍。

附录：

装修合同附件参考条款

  这些条款是在国家标准合同的基础上，添加了一些有利于业主的内容。业主可以在签订合同时要求写到合同附件里(业主为甲方，装修公司或装修队为乙方)。

  1. 乙方应在甲方指定的建材供应点购买材料，并开具正式发票。

  2. 未经甲方许可，乙方不得携带任何建材出门，若发现此类现象，按材料价格加倍从工程款中扣除。

  3. 油漆材料必须和其他材料分开放置。

  4. 乙方须在下列关键工序完成后提前48小时通知甲方进行验收，验收合格后方可进行下一道工序施工：A、材料进场；B、水路、电路改造；C、防水工程及闭水实验；D、细木工衬底工程；E、面板、木线、实木收口；F、底漆、面漆；G、墙、顶面基层处理；H、吊顶工程龙骨面板；I、各部位板块铺贴；J、工程中期验收；K、工程总体竣工验收。以上分项工程未经甲方验收，乙方擅自进行下一道工序施工，由此造成工料损失的由乙方负责。

  5. 乙方所供主材及数量(包括各种板材、龙骨、水电材料、油漆、水泥、胶类、涂料、腻子粉、石膏线等)必须与本合同所附材料清单上注明的材质品牌及规格档次相符，并在进场时通知甲方进行核实。乙方应该向甲方出示材料的购买凭证(发票或者购物票据或公司统一供货证明)、环保证明、保修证明、材料来源等相关材料,甲方有权向厂商或者经销商核实材料的真实性,如果发现乙方提供的材料属假冒伪劣产品或不符合国家、地方、相关部委标准、规定的产品,乙方必须及时更换为合同中约定的产品或其他甲方认可的同等价位的合格产品,并按照合同约定材料市场价的双倍价格对甲方进行赔偿;已经施工使用的部分,甲方有权要求乙方拆除、重做,由此引发的费用由乙方承担。

6. 项目变更须有文字约定,详细注明变更数量及价格并经甲乙双方签字认可方可作为结算依据。

7. 工程中非甲方意愿增加项目或属设计计算失误或有意漏项的不增加工程款,甲方需增加项目的价格参照合同单项报价执行。

8. 施工期间甲方认为乙方施工人员因工艺水平、工作态度、品格等原因,不能胜任本项装修工作时,有权要求乙方更换施工人员。

9. 工程进行中,甲方有权对原设计进行改动。在未接到甲方申请时,乙方无权变动任何设计方案及材料品质。

10. 乙方施工人员不得使用已安装好的设施,如炊具、洁具以及其他设施、设备,并保持居室内的清洁和卫生。如由于施工人员过失,造成甲方设施、设备、居室已施工完成的部位的损坏以及其他任何损失,均由乙方负责赔偿,并承担全部责任。同时乙方在施工中应加强成品保护,特别是对玻璃制品、陶瓷、已完成最后工序的油漆工程、木地板、木门等应采取必要的保护措施,费用由乙方承担。如因乙方成品保护不当引起的损坏,应由乙方负责修补或者赔偿。

11. 墙顶面涂料的兑水率要严格控制在说明书允许的范围内,如果乙方在施工过程中擅自增加兑水率,甲方有权要求乙方铲除原墙面并重新购买同样型号的涂料重刷,有关一切费用均由乙方负责,工期不予顺延。所有木器漆的配套用品(如底漆、稀释剂等)均必须使用和面漆同品牌同系列的专用配套产品,如乙方擅自使用其他品牌或其他系列的配套用品,甲方有权要求乙方按约定的标准重做,由此引发的一切费用由乙方承担,工期不予顺延。

12. 甲方提供的材料和设备均应用于本工程,未经甲方同意,乙方无权擅自挪用甲方提供的材料和设备。乙方无权擅自更换甲方提供的材料,如果发现问题应及时向甲方提出,由甲方采取更换、补齐等补救措施。

13. 甲方有权在乙方完工后委托由国家认定的居室环境质量检测单位独立对甲方的居室进行室内空气质量检测,并提交由该单位出具的检测报告(包括甲醛、VOC 等)给甲方。如检测结果不合格,甲乙双方必须提供各自购置材料的环保检测报告,如甲方提供的材料环保符合国家标准,则检测费用由乙方承担,并由乙方负责在收到甲方通知的15日内改善不合格项直至达到合格标准,相关费用由乙方承担,并由乙方支付甲方每天100元人民币的违约金。如15日内整改仍不合格,乙方退回甲方的工程全部价款,并赔偿其他损失。

14. 甲方提供材料运到楼下交货,由乙方负责搬运至室内施工,搬运等相关费用已包含在合同总价内。

15. 在工程竣工验收合格后、工程结算前,乙方应向甲方提供完整的竣工资料一套。竣工资料包括:

(1)竣工图纸:主要包括给排水竣工图和电气竣工图,图纸应特别标明暗埋或暗敷设管道的位置、深度、尺寸、材质、管径、线径等。

(2)工程洽商记录:在整个过程中经双方签字确认的变更内容,必要的应附图。

(3)工程阶段验收记录和竣工验收记录:主要包括材料进场验收记录、水电隐蔽工程验收记录、构造、骨架的验收记录、闭水试验验收记录、竣工验收记录。

(4)乙方提供的板材、木料、石膏板、石膏线、水泥压力板、贴面面材、油漆、涂料、墙衬、各种胶、玻璃、水泥、铝扣板、给水管材、电气管材、电线等材料的产品合格证、质量检测报告、环保检测报告、使用说明书等。

(5)工程结算单、工程保修单。

(6)其他双方书面约定的资料。

如乙方竣工资料不齐全或者不能按时提供,甲方有权有暂缓支付结算款。

"把自己的家交给别人"——谨慎选择监理和设计师

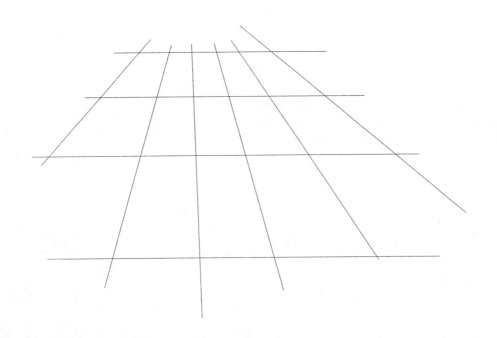

"为家装保驾护航"——选择监理公司

有过装修经历的人都知道，装修是个苦差使。目前，装修公司遍地开花，但施工水平却是参差不齐。运气好，顺顺利利就装修出一套好房子；运气不好，遇到水平差的装修队，隔三差五出点儿毛病，令人哭笑不得，烦不胜烦；运气再差点儿的，遇到既没技术又没职业道德的装修"游击队"，不时玩点儿偷工减料、偷梁换柱的把戏，让人不得不跟防贼似的盯着，那可真叫苦不堪言了！可是，谁又能保证自己找的装修公司就是百分百放心呢？所以，很多业主只得每天抽时间去盯工地，但毕竟"隔行如隔山"，大多数人装修知识有限，即使每天呆在工地盯着，也不一定能看出太多的问题，更何况他们都还要上班呢。就这样，在工作与装修的双重压力之下，很多人被折腾得身心疲惫，日渐憔悴。瞅准装修族的苦恼，装修监理公司应运而生，而大家似乎也看到了轻松装修的希望。

一、"应运而生的好帮手"——装修监理公司

装修监理公司的出现是近几年的事，一出现就因其适时的服务而颇受装修族们的信赖和推崇。朋友装修，也都相互提醒找个监理公司省事。其实，要做到这一点，必须有个前提，那就是要找到一家正规、有经验的监理公司，否则，即使找了监理公司，装修还是不省心。怎样才能找到一家合适而称职的监理公司？这就需要先了解一些有关监理公司的性质和职责方面的知识。

（一）装修监理公司和"装修公司监理"

目前，装修监理市场需求越来越大，但由于其发展时间不长，各方

面还很不成熟，在管理上也有些混乱。许多业主面对形形色色的"装修监理"，十分困惑，不知如何选择。为防止业主稀里糊涂花了钱，还没有找到正规的监理公司，现在我们就对装修监理公司正名。

所谓装修监理公司指的是由专业装饰人员组成、经政府审核批准、在装饰行业中起着质量监督管理作用的经营单位。它是独立于业主和装修公司之外的第三方公司，站在第三方立场，既代表业主利益也代表装修公司的利益。它以相关法律法规为执行准则，站在公正的角度维护监理双方权益，督促装修行业自律，维护装修行业健康良性发展。

但是，有些装修公司内部也设有工程监理人员，即"装修公司的监理"，他们与我们所说的"装修监理公司"不同。这些监理人员属于装修公司的工作人员，端的是装修公司的"饭碗"，一般情况下是站在公司一方，代表公司的利益，在对工程质量的监督上不容易做到公正、公允，也就不能履行真正意义上的监理职责。

(二)装修监理能帮业主做什么

家庭装修监理，顾名思义，就是对家庭装修的监督管理。它是指专业化的家庭装修监理单位接受业主的委托和授权，根据国家有关家庭装修的文件、法律和法规，按照家庭装修监理合同以及其他家庭装修合同，协助业主对家庭装修工程进行监督管理。监理公司根据业主的委托要求，或进行全程监理，或单就工程某一阶段进行监理。具体讲来，监理公司的工作范围包括以下五个方面：

1. 帮业主审核装修公司的资质和营业执照，帮助业主把住装修公司筛选关。

2. 审核装修公司的设计方案和报价。家庭装修施工前装修公司会做出一整套设计方案，监理公司将替业主审核设计方案是否具备房屋施工的安全性、实用性、美观性、科学性和坚固耐久性等条件；设计图是否包括了制作尺寸图、布置图、顶面图、电路图；报价单中是否有详细的材料明细说明，如材料品牌、质量等级、规格、颜色、生产厂商，等等。

3. 协助业主审核签订装修合同。监理公司可帮助业主审核装修合同的各项条款，检查合同中是否有漏项、表述不清楚或欺诈性条款。为保证装修合同的公平合理，有的监理公司还会制订一个装修合同附件，就材料进场、工程过半、中期验收、竣工验收、工人撤场等每个阶段补充相关条款，以更好地保护业主的利益。

4. 把好装修环保关。监理公司除了对居室装修面积做周密的计算并按照居室的大小，给业主提供装修需使用材料的种类、用量等之外，还会在装修过程中审核各种材料的质量及环保情况。

5. 严格监理工程程序。装修过程中共包括瓦工、木工、油工、中期验收、竣工验收等工序的验收。监理公司会在不同的时段对不同的工序进行验收，验收合格后装修工人方可进行下一步施工。在监理过程中，监理公司会及时发现不合格的工艺，并立即要求装修队返工或采取补救措施。

6. 监督保修。装修后的房子在保修期间出现问题，业主可直接找装修公司解决。如果装修公司倒闭或联系不上，监理公司将协助查找，使装修公司兑现承诺。

（三）"把握重中之重"——施工阶段监理公司的职责

以上讲的是装修监理公司从业主准备装修到装修完工整个过程中所承担的工作。装修最需要关注的就是施工质量，能否在施工阶段把好关，是一个监理公司管理与服务质量的集中体现。因而在施工阶段，监理的工作更为具体细致，主要内容如下：

1. 验收进场原材料。检查所进场的各种装修装饰材料品牌、规格是否齐全、一致，质量是否合格，如果发现无生产合格证、无厂名、厂址的"三无产品"或伪劣产品，监理会立即要求装修公司退换，防止一切存在质量问题的材料进入施工当中。

2. 保证施工工艺。监理将督促施工单位严格执行工程技术规范，按照设计图纸、施工内容及工艺做法进行施工。对违反操作程序、影响工程质量、改变装饰效果或留有质量隐患问题的施工，监理将要求装修工人限期整改。必要时，监理还会对施工工艺做法和技术处理做指导，提出合理建议，以达到预期的设计效果。

3. 控制施工工期。工期能否按合同要求完工，是装修队与业主起纠纷的重要原因之一。监理人员将按照国家有关装饰工程质量验收规定，合理控制好工期，在保证装修质量的同时，还要保证效率，按时完工。

4. 控制工程质量。负责施工质量的监督和检查，确保工程质量是装修监理的根本任务。一旦发现不符合施工质量标准的工艺，监理将立即向施工队提出，要求他们予以纠正或停止施工。对不同阶段的隐蔽工程监理及时验收，避免因为某一施工错过验收而留下安全隐患。

5. 协助业主做竣工验收。装修监理作为业主的代表，在装修工程结束时，将会协助业主做好竣工验收工作，并在竣工验收合格证书上签署意见。之后，还将督促施工单位做好保修期间的工程保修工作。

从以上条款可以看出，监理公司服务的项目是很全面细致的。如果挑选的监理公司能够认真负责地做好上述内容，这样的监理公司就是合格的，业主可以放心地将家交给他们监理。

二、"尚方宝剑"谨慎授予——挑选监理公司

业主应该找什么样的监理公司来监理自己的家呢？这决不能逮着谁就是谁，尤其是在目前监理市场并不十分规范的情况下，业主更要用心比较、仔细考察才行。毕竟监理公司将作为自己的代理，对装修工程进行全程监督，正如古代手握"尚方宝剑"的钦差大臣一样，代表"皇帝"的意志，拥有"生杀予夺"大权。因此，业主在选择监理公司时，第一要考虑的就是这家监理公司确实代表、体现着自己的利益与要求。只有找到这样的监理公司，业主才可放心地将监理大权下放。

（一）什么样的监理让业主放心

找个正规的装修监理公司，意味着在即将进行的装修中，业主会节省很多精力，避免不少麻烦。但怎样的监理公司才是正规、可靠的装修监理公司，才能真正代表业主的心呢？归纳起来，大致有以下四点：

一要具有高度的责任心，很强的原则性。

二要了解和掌握正确的施工程序。

三是能准确、全面地领悟具体项目的设计施工图纸，掌握业主与装修公司签订的施工合同。

四是必须具有本市建设委员会颁发的监理资质证书。

（二）选监理公司的步骤

以上述对正规监理公司的要求为标准，业主再遵循以下步骤，就能保证挑选到一个正规、可靠的装修监理公司了。步骤如下：

1. 先挑几家平时在网络、报纸或其他渠道了解到的、信誉较好的监理公司进行初步咨询。了解该公司的运作方式、约束机制、收费方式等；向监理公司介绍一下自家新居的大体情况，提出自己的装修设想，

包括装修预算、装修方式(单包还是双包)等，听其是否能对自己的想法提出建议或意见。通过这些咨询，观察其接待人员的谈吐是否有夸大、不够细致或态度不好的地方，从这些方面可以了解这家监理公司的服务态度如何。

2. 比较监理人员做的监理策划方案。目前，监理公司的工作基本能够满足一般业主的需求，但是从专业角度上看还是比较粗糙，更有些监理公司不够规范，监理人员滥竽充数。因此，比较监理人员的策划方案显得非常重要，最好挑选方案做得较为细致的监理公司。

3. 考察监理公司业绩。虽然市场上的装修监理公司不多，业主不用像选择装修公司那样感觉眼花缭乱，一片茫然。但还是应认真考察监理公司在成立以来所取得的业绩，包括监理过的装修工程数量，在监理期间所出现的问题，等等。大型正规的监理公司都会有详细的业绩记录。

4. 考察监理公司推荐的监理人员的监理水准和服务质量。如果对某一个监理公司有了良好印象，便可要求监理公司确定监理人员，并提供此人相关资料，包括监理人员所监理过的装修工程、正在监理的装修工程等，然后到工地上看看，找这个监理服务过的业主了解情况，看看监理口碑如何，毕竟他才是对自家装修全权负责的人。

(三)签订监理合同的步骤

确定了较为满意的监理公司，业主就可以和监理公司洽谈监理项目和监理费用等，这时需要做哪些具体工作呢？

第一步，确定监理公司的服务费用，根据《北京市家装监理试点方案》，装修施工监理收费标准是按工程监理范围内的造价(含施工费和材料费)乘以相应费率。目前在北京收费标准大致为，合同额在10万元以下按3%收取服务费；10~20万元按2.5%收取；20万元以上按2%计取，起始价格1000元。当然，业主与监理公司双方也可在此基础上协商确定。

第二步，将装修公司设计完成的全套施工图、工程预算明细表(具体到每一项材料的规格、产地、价格等)和施工方案交由监理公司进行造价审核。监理根据装修公司提供的上述三项资料，在原材料、施工工艺、工程项目不变的情况下，对工程进行初步估价。其间，如果发现装修公司的报价不规范，图纸不齐全等明显不合理的地方，监理将把具体问题、具体理由告知业主，建议业主与装修公司交涉，直至达成共识。如果业主对一些技术性问题难以把握，也可以请监理人员协助，一起与装修公司商谈。

此阶段，监理公司实际已开始监理的前期工作，业主可同步考察监理公司的工作。一般在此阶段，监理公司会预收部分定金，作为装修工程造价的咨询费用。

第三步，如果业主与装修公司就工程价格达成一致，也认同了监理公司的前期工作，就可以与装修公司、监理公司签订装修工程合同、委托监督书、装潢材料及工艺基本约定等文件，对三方的责、权、利做出具体的规定和约束。

至此，有了施工队和工程质量监理的双重保证，业主就可以开始对自己的新家进行美好改造了。

三、装修监理代表谁的心

装修监理的出现，为无暇分身到工地监督或不懂装修的业主提供了方便，对装修公司的施工起到了一定的监督作用。但是，业主还需注意到监理的另外一面，装修监理作为一个只有几年成长光景的新型行业，它本身还存在不少缺陷，况且目前的监理市场还比较混乱。所以，请了装修监理，并不代表业主从此就可以一劳永逸、高枕无忧了。其实目前市场上有一些监理是不太负责任的，为以防万一，在聘请监理之前，业主应该了解一下不负责任监理的行为表现以及一些防范技巧。

（一）不合格监理的"表现"

1. "敷衍了事"监理

有些监理包括装修公司的监理，因同时要负责很多工程，整天往返于工地之间，对业主委托的工程不一定尽心尽力。也有个别监理人员对施工工艺、施工步骤的了解，甚至不如一名普通的装修工人。他们只是隔一段时间来工地转转，记录一下工程进展，也指不出太多的问题。还有一些监理人员，虽然能够看出质量问题，却因缺乏责任心，对现场工人的错误睁只眼闭只眼就过去了。

2. "监守自盗"的监理

这种装修监理不但不负责任，还利用工人出了问题担心装修公司扣发工钱的心理，对工人"吃、拿、卡、要"。结果，工程质量问题被业主发现，装修公司被投诉，装修工人受到处罚，赔了"夫人"又折"兵"。

3. "为别人代言的"监理

这种监理人员工作认真积极，每天泡在工地上，与装修工人打得火热。问题是时间久了，与装修工人称兄道弟就忘记了自己的责任和立场，不自觉间"背叛"了业主。

例如：某业主装修请了监理，一开始，还不错，可等装修完成后，业主才发现问题多多：厨房的水笼头上安放了微波炉；阳台上忘了砌水槽；瓷砖铺出了浴室门……装修公司辩解，"监理"并没有指出来，也没有要求返工。该业主再去问监理，他却说："看到工人挺辛苦的，不好意思经常叫他们返工。"监理竟成了装修公司的代言人。

（二）监督监理人员

从上文看来，装修监理公司能否真正为业主把好装修质量关，还存在一些问题。为避免监理公司与装修公司联手欺骗自己，业主在挑选监理公司之前，就应做好监督监理的思想准备，并在装修过程中不断监督监理的工作。怎样防止监理人员敷衍了事、不负责任呢？有以下两个方法：

1. 与监理公司签订一份切实可行的监理协议，并注明违约责任。家庭装修监理工作是一个新生事物，为了保护自己的权益，业主应在协议里加入相关违约条款，比如：如果监理公司负责监理的工程出现质量问题，监理公司应该承担责任，等等。

2. 根据协议检查监理公司的工作。业主与监理公司签订了合作协议之后，业主一方面要同监理人员保持联系，另一方面，经常到工地看看，有疑问的地方及时与监理人员沟通，业主、监理、装修队三方协商，及时整改。在隐蔽工程、中期工程及工程完工验收时，业主应到现场会同监理人员一起验收，合格后方可继续施工。

综上所述，业主对监理应该是既信任又监督，也就是说：轻松装修靠监理，监理还需业主监督。

"为新家绘制蓝图"——选择家装设计师

新居待装，在转过京城各个建材家居市场，咨询过众多装修完的亲戚朋友之后，许多人却仍是懵懵懂懂，不知所措。这时，业主就需要一个设计师帮助他理清思路，把他的装修理念延伸、升华，把装修设想变成现实。

近年来，随着人们审美理念的提高，人们越来越重视装修设计，而设计师的地位也不断提高。当然，设计师队伍中也少不了滥竽充数的"南郭先生"、吃里扒外的"白眼狼"等。这一节我们就来探讨一下如何选择设计师、怎样与设计师交流等问题。要知道设计师也并非泰山北斗，他们的设计也并非无懈可击。或者业主也可自己在装修中牛刀小试，在设计上"DIY"一把，让自己的家更有个性，更为独特。

一、"沙里淘金"——选择家装设计师

一套居室装修得怎样，装修公司的实力和工人的工艺水平固然占很大因素，但设计的水准同样重要。因为装修公司与施工工人只是硬件设施，他们只是遵循设计图纸来施工，把设计师的设想从图纸变成现实。讲到装修的风格和个性，最终还是要通过设计师的妙笔来体现。可以说设计图是装修的灵魂、施工的依据，是装修成功与否的前提条件。有好的设计才能有整体的规划，才能保证整个装修流程有条不紊。好的设计能体现居室的档次、品位和个性。做好设计，是家庭装修的第一步。

因为大多数业主对装修不甚了解，对这种整体规划设计更是懵懂无知，又不可能为了装修一套居室而先把自己变成一名设计师。这时，业主就要学会取人之长，补己之短，请一个优秀的设计师来帮助自己实现

美好的家居梦。那么我们就先来认识一下被称为装修灵魂的家装设计师吧。

（一）"装修灵魂的工程师"——家装设计师

家装设计师，社会上给了他们一个定义——"灰领"。这个阶层的人一般都受过高等教育，拥有丰富的专业知识与高级技能。因为专业背景和生活背景的不同，设计师们对家的感悟和理解也是不同的，他们的设计表现手段和价值取向有时甚至大相径庭。依据专业背景和知识背景的不同可以把设计师区分为五个类型：

第一类，建筑专业的设计师。他们毕业于建筑类专业院校，熟悉土建、结构改造、水电改造等专业知识，对于结构力学和空间构造学有很深的专业根基，对施工工艺有较高的监控能力。

第二类，美术或环境艺术专业的设计师。他们大多追求唯美主义，对色彩、光影有很强的感受力，擅长整体装修风格的把握，对于细节的控制得心应手，能很好地表现出家居的情调和感觉。

第三类，工程建筑装饰出身的设计师。他们具有工程建筑设计背景，施工经验丰富，熟悉建材市场行情，对室内承重墙、横梁结构，阳台承重和吊顶的处理比较拿手，擅长复式结构和室内布局较大的装修项目。其优点是社会实践丰富、操作熟练，知识面较广。

第四类，"海归派"设计师。他们大多有国外学习或工作的经历，有着东西方交融的文化背景，比国内设计师更有先锋意识和现代意识，比国外设计师更了解中国人的思维方式和生活方式。

第五类，国外设计师。他们的设计手法更加国际化，对于家居的理解有独到之处，设计及消费理念超前，设计倾向于纯粹的欧式古典风格和现代简约风格。

了解了五类设计师的特点之后，业主还需知道各类设计师的优缺点，以便更好地选择适合的设计师。

1. 建筑专业和工装出身的设计师，工艺水平不错，但在人文方面可能就薄弱了些。他们的设计往往千篇一律，缺乏人性化、个性化的东西，更少有新意与品位。

2. 艺术或环境艺术专业的设计师，有系统的设计专业知识，懂得创造美感，有发展后劲，但实践方面可能薄弱些，而且容易一味追求唯美、个性等表面东西而忽略设计的实用价值。要知道，家本是个生活休息的地方，不是艺术博览馆。

3. "海归派"和国外设计师的优点恰恰也是他们的缺点。一方面他们的设计带来了国际化的先锋意识，另一方面这些作品往往水土不服，且收费不菲，不是普通工薪阶层所能承担得起的。

当然，专业背景和知识背景不是绝对的，在实际的工作中，每个设计师都在不断提升自己，专业背景只是主要参考之一。业主应根据新房状况、经济水平与个人审美来选择合适的设计师。毕竟适合的才是最好的！

（二）"适合的才是最好的"——挑选设计师

目前，装修界设计师虽多，但风格迥异，水平更是良莠不齐。要想找到一个合适的设计师，业主必须仔细挑选、考察一番才行，可以从以下几方面入手：

1. **看职称**。一个设计师的设计到位、工程质量过关，公司一般通过评职称的方式来体现其价值。业主可以依据设计师的职称，对设计师有个初步评断。但是，业主也需明白有职称的并不一定就是优秀的，优秀的也不一定就适合自家装修。是否满意，只有跟设计师接触之后才能体会得到。职称只是挑选设计师的依据之一。

2. **看资质证书**。目前，北京市家装设计人员从业资格评审考核委员会，分别从学历、资历、业绩和道德四方面考核，将设计师分为高级家装设计师、家装设计师、助理家装设计师、家装设计员四等。业主可依据公司的职称评比和考核委员会的资格评审双重标准来选择设计师。

3. **看职业态度**。一个好的设计师首先就应具备敬业的态度。他应真情地对待每一位业主，积极热情地与业主沟通设计思路，主动了解业主的生活习惯、工作性质等信息（除隐私外），以便设计出适合业主的图纸。一个连业主的家庭成员有几个都不清楚的设计师，是不会设计出令业主满意的图纸的。

4. **看设计作品**。从一个设计师的作品中,不但能看出其设计风格,更能看出其专业水平。在选择设计师时,业主首先要看自己希望的装修风格与设计师的设计风格是否一致,以保证设计的针对性。再者看设计师如何从实用功能出发去划定空间的利用,最直接的体现就是"尺寸"。具体从图纸看,业主可以假设把自己放进这个尺寸空间里,会是怎么样的心态和感觉,多看看、多算算,不要被流光溢彩的效果图给迷惑了,因为装修的目的就是"实用"，装修设计必须坚持"实用第一"的原则。

二、与设计师沟通

装修设计不单单是设计师的事，作为居室的主人，业主也要参与设计的构想。要获得令双方都满意的设计方案，双方必须很好地交流沟通，即设计沟通。当业主选定了设计师，下一步就是针对装修设计方案进行深层地交流沟通，这时业主须提出自己的要求和建议，表明自己的风格意向，以便设计师做出合适的方案。这一步非常重要，是设计方案成功的一大关键。若想得到满意的设计，就要跟设计师沟通好，在沟通过程中业主必须注意以下几方面：

（一）家居设计"四大原则"

无论是请设计师，还是业主自己DIY，设计的基本原则都是必须遵循的。下面就要讲一下设计的四大原则，以备业主实地操练。

1. 规范实用

家庭装修，其首要目的就是满足使用功能，也就是说家装设计的重点就在实用、方便。离开了这点，再好的设计作品都是没有意义的。业主没有必要花十几万、几十万元将自己的家搞得跟五星级宾馆似的，这样华而不实的房子住久了自然生厌，不方便之处也会显现出来。当然，如果业主喜欢这样的设计风格，事情又另当别论。

2. 人性化

目前，装修个性化、人性化的设计理念大行其道，在满足健康环保这些基本要求的基础上，装修设计应该提升到一个更高的层次，利用色彩、线条，质感和光线赋予装修以文化和生命，体现出业主的个性和喜好。

3. 充分利用空间

身居现代大都市，尤其是北京、上海这样寸土寸金的地方，空间利用显得格外重要。作为一名合格的设计师，应该从实用功能出发去划定空间，在不妨碍整体布局的同时，提供尽可能多的便利，而且要保证人置身其中，心态和感觉不会压抑、憋闷。

4. 经济节约

这也是装修设计的一大原则，物美价廉是人人向往的。大家都知道，装修行业是暴利行业，业主在选择设计师、装修材料时，当然要尽可能地货比三家，挑选一个水平不错、收费又合理的设计师为自己家做设计。

(二)做好设计前期准备

在家庭装修前，业主应通过各种媒体搜集一些装修方面的资料，做好相关知识的储备，主要包括三个方面：

一是大致了解家庭装修的正规运作程序，并对装饰建材的种类有个大致的识别，为设计师在选材上提供依据。

二是对住房结构要有大致的了解，主要是指具体布局，考虑好每个房间的功能和布局安排等等，在可能的情况下，丈量一下实际面积并绘制平面和结构图，这样对自己的房子如何装修就有了大致的思路。

三是收集一些居室装饰方面的书刊资料，将自己喜好的风格或款式的图片提供给设计师，供其参考。

(三)提出自我设想

业主配合设计师，提供他的设计愿望和必要的设计条件，是设计成功的前提。装修前，每个业主都会对未来的新居有个模糊的想像，这种想像正是设计师灵感的来源。业主可以将此想像进一步完善或延伸并使它能够"物化"成现实。业主的设想和考虑应包括：

一是档次定位。为了让设计师准确了解自己对装修的档次定位，业主应对自己居室的投资意向做一个较为详尽的计划，比如装修方面的总体预算；向设计师说明自己不喜欢的格调包括材料、颜色、造型与布局等，以便于设计师根据业主的定位做出合理的装修设计方案。

二是居室功用。业主在向设计师提出要求之前必须同家人商量每一间居室的功能和布局。与设计师沟通时，要尽量提出自己的想法和要求，对于一些细节最好有详细的说明，为设计师做空间功能规划提供依据。

以上这些都是设计师在设计中必须掌握的基本元素，必须要在设计师着手设计之前就全部提供给设计师。如果设计完了再全盘否定，重新来过，无论对于设计师还是业主都是比较麻烦的事情。因而应当将这些要求清楚明白地告诉设计师，沟通协调好这一切。

(三)尊重设计师的设想

除了关注自身对居室的设想愿望外，业主应尊重和理解设计师的个性与劳动。在与设计师的沟通中对其劳动成果表示尊重和理解，最大程度地激发出设计师创作热情，以更有利于构思。尊重设计师，就要放手让他去做，切忌盲目追风。

一旦与设计师针对某个设计产生矛盾，业主应当尽量听取设计师的意见，不要固执己见，毕竟设计师的设计眼光要比业主专业得多。但这并不代表，业主就一味盲从，把设计师的设想奉若神明，唯唯诺诺。业主应当尽可能地把自己的想法清晰地告知设计师，让他能够参考自己的建议，通过友好协商而达成一致。

这里有一点必须指出，既然请了设计师，业主和设计师就要为实现一个共同的目标而共同努力。在与设计师的沟通过程中，千万掌握好一个度的问题，既不能不管不问，也不要过多干涉和限制。尊重设计师，相信他，在提供一个大体的框架下，让他自由发挥其灵性与专长，做出一个个性不俗的设计来。

（四）及时修改设计图纸

在设计师完成初稿以后，业主应同家人一起仔细审查研究，看与自身设想是否相符，有无改进余地，然后提出修改意见。宁可在图纸上多花些时间，反复推敲修改，也不要草率签字，免得日后返工，费时费工。因为图纸一旦确定了，接下来就是按图施工，业主就不可随意改动施工要求了。如果必须修改变动，也一定要征得设计师的同意，通过设计师的手法处理来保持设计风格的一致性。业主只有在与设计师和谐交流沟通、相互配合的情况下才能真正拿到满意的设计稿，做出一个成功的、个性化的设计。

三、设计师的"天平"在哪里

俗语有云"害人之心不可有，防人之心不可无"，真乃警世名言！其实，在目前的装修行业中，绝大多数装修公司的设计与施工是一体的。设计师是装修公司的内部成员，他们的收入跟所承接装修工程的总价直接挂钩。因此，很多设计师就从为公司拿到装修工程业务、获取利润提成的角度出发做设计，还有某些设计师不负责任，敷衍了事，甚至滥竽充数，根本称不上什么设计师。虽说这种设计师在少数，可作为业主，谨慎小心总是没错的，所以，初次装修的业主在选择设计师之前最好先了解一下各种设计师的"魔术",以防上当受骗.

(一)"利欲熏心"的设计师

讲到设计师欺骗业主的伎俩,真可谓不胜枚举,大致可归纳为以下几种类型:

1. "水涨船高":提高报价和用量,赚取利润。

初次装修的业主在建材行情方面知之甚少,这就给一些"黑心"设计师有了钻空子的机会。他们在做预算时,有意将一些项目例如卫生间防水、墙壁基底处理等略去,或将所有项目的报价全部下压,给业主以物美价廉的错觉。等工程开始后,就以各种理由要求业主追加预算,如项目漏算、改变工艺和材料等。

案例:某业主家,依据设计师的预算,仅布线一项,就用去电线180多米,而实际上,这些电线足以在室内绕三圈;书房的镭射照明灯安了八盏,典型的重复浪费。

2. "暗箱操作":设计师拿"回扣"

很多业主装修时对建材不了解,就习惯由设计师陪购或全权代理。却不知大多设计师与建材经销商之间有着心照不宣的"协议":只要设计师在设计中使用或带消费者选购他们的材料,建材商就会按比例给设计师提成。这样设计师就会有意无意地使用有回扣的材料。

3. 免费是"幌子"

目前装修市场竞争异常激烈,一些装修公司和设计师为了利润,高举一些有诱惑力的承诺招牌来吸引业主,等到合约到手,各种免费服务就都有不能免费的理由了。

案例:某业主刚开始装修时,设计师承诺免收量房费、设计费、七折优惠橱柜、免费做室内空气质量检测等。合同刚签,业主就被告知橱柜的优惠活动已经结束,免费室内空气质量检测服务只有合同额超过3万元才能提供,而业主家装修费只有两万元,所以不能提供等。

(二)"问题"设计师

目前,装修"个性化"、"人性化"的设计理念大行其道,但在现实生活中,大部分装修设计却是千篇一律或简单堆砌,存在很多问题。

1. "千篇一律"的设计

目前许多装修公司对设计师的要求并不高:中专以上文凭,会相应软件即可。有些设计师,缺乏专业知识和设计思路,设计出的方案缺乏创意；还有些装修设计师刚刚毕业，经验不足，仅是把书中看到的东西生搬硬套，结果往往是华而不实；还有的设计师为了签单，对业主的意见不顾好坏一律盲从，不敢坚持自己的设计思路和风格，做出的东西也难免流俗。

2."总体不协调"

"局部好做，整体难为"一直是家装设计师的"口头禅"。而有的设计师却常常顾此失彼，最常见的就是把注意力放在装修的局部上，缺乏对整体的把握，装修出来的房子，单看某一局部还不错，但整体效果却不尽如人意。

3."拿业主家做设计练习"

一些装修公司把业主分为高、中、低三等，与之对应地把家装设计师分出等级。为"别墅"搞设计就派"顶尖"设计师，为"白领"、"大户型"设计也派出水平较高的设计师，给普通居室设计，为了吸引客户则打出免费设计的旗号，交给公司的新人"练手"。

4."不负责任的设计师"

这种设计师是最糟糕的，签约前，积极热情，车前马后，承诺多多，但合同一签，立刻就冷淡许多，遇到问题推三推四，与前期的表现判若两人。

"知己知彼"——开工注意事项早知道

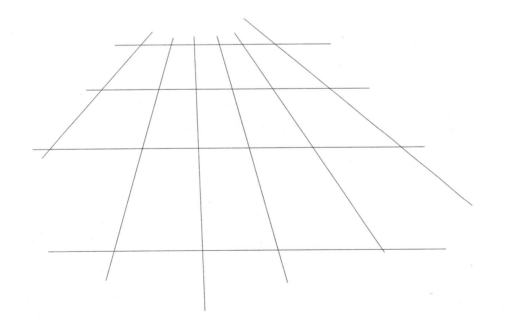

开工第一天注意事项

在选择好装修公司,确定了新居设计方案,签下装修合同以后,选定"黄道吉日",装修队伍开进现场,装修就算正式开始了。之前所有的准备都只能算是纸上游戏,现在,当一切都进入实战阶段以后,所有的美好设想能否实现,就看接下来的四五十天了。俗话说,"三岁看到老",从开工第一天的情形,就可以大体看出所选择的装修公司和装修队伍施工水准情况。对此,不妨多加观察,以确定以后的对策。

一、工程交底

装修开工第一天,主要的工作是工程交底。在家庭装修的整个过程中,现场交底是签订装修合同后的第一步,同时也是以后所有步骤中最为关键的一步。如果这一步没有做好,那以后的工程施工将是什么样就可想而知了。

(一)现场交底应当有什么人参与

在装修现场交底中,首先应该注意的是现场交底的参与人员。对大多数装修工程的现场交底来说,参与人员一般只是装修公司的设计师、业主本人以及施工队负责人。可是在以后的施工过程中,业主经常会发现,现场交底时说得好好的工艺做法,经工人一做就走样了,工人回答是"上面"让他们这样干的。这说明了什么?究其原因,恐怕就是装修公司的上下信息传递出现了问题。所以,为避免上述问题的发生,业主在进行现场交底时,要尽量让装修公司的相关人员如设计师、工程管理人员、施工队负责人以及各关键工种的施工人员都参加现场交底。

木工、瓦工参与交底,可以了解清楚木工、瓦工各个施工项目的做法、造型及使用的材料;油工参与交底,可以对工艺做法以及材料心知肚明；水、电工参与交底，可以对线路的走向、开关插座的位置、灯位、上下水管路的安装、使用的卫生洁具以及洁具的位置是否需要改变等等了解清楚，在交底现场可由业主和装修公司的设计师、施工队共同进行确认。在以后的施工过程中，即使改变，也是属于工程变更或局部调整。

(二)确认新房遗留的问题

业主、装修公司的设计师以及施工队相关人员进行现场交底的第一项工作就是检查现场存在的问题。目前开发商交付的大多是毛坯房，所以，这些房子会存在这样那样的问题。但是，如果在施工队进场施工之前，没有对存在问题的部位做出相关责任判定，也许以后这些方面问题的责任归属就说不清了。

对毛坯房的检查项目应包括：墙面、地面、顶面抹灰情况及平整度；开发商安装的门框的材质及缺陷，是否需要更换；外窗的安装质量，试开关外窗，泼水到外窗上检查是否漏水；试开关户门，检查其防盗功能；开启水龙头，看水流量及水压力；拨动水箱按钮，看水流向坐便器的情况，冲水能力和排污情况；在地漏处进行倒水试验，看下水是否顺利；用电笔测试各插座是否有电，开启灯具，检查是否发光、灵敏；有冷热水管的，应检查墙上水管的接口情况，有无歪斜或堵塞；测试厨房和卫生间防水情况，开发商应该是做过防水的，如果有漏水现象，他们应当负责维修。

对上述方面检查后，责任在开发商的，可以要求开发商解决；有的需要更换，在装修中可以确定拆除及更换；还有的需要调整，可以要求装修队进行调整或处理。而有些项目如部分开关插座等可以保留的，则要求装修队保护好，不要在施工中损毁。

(三)确认所有施工文件清单

现在装修行业有一个普遍现象，就是施工队进场开始施工之前，与工程项目有关的图纸或文件往往还没有准备齐全，甚至最终都做不全文件资料。所以，在即将开工的家装工地，经常可以看到装修公司设计师和业主以及施工队负责人，在四壁空空的房间里讲述顶棚、地面以及墙壁怎样施工。可以想像，这样的工程交底会有什么后果。

正规的做法，应当由装修公司在现场将所有施工文件清单当场与业主和施工队再次进行确认，并由施工队保证按照施工图纸或相关文件进行施工。这些施工文件应包括：设计方案，材料清单，合同确定的各项施工项目及工艺做法，水电改造施工图，等等。

(四)确认全部装修施工项目

家庭装修由于工程比较小，所以合同双方为方便起见，谈判时会出现很多的口头承诺，比如：设计师对一些项目做法或材料的口头确认；业主承诺如果装修公司把工程做好，自己给对方介绍若干工程。这样的承诺可以分为两类，一类是合同双方都没有太认真，大多说说而已；另一些方面，是合同双方都会认真对待，但是洽谈的时候可能由于种种原因，没有写在合同里，但在合同实施过程中是应该兑现的，这样的口头条款，如果另一方由于忘记或信息传递遗漏没有兑现，双方的合作就会产生一些影响。所以，在施工现场进行工程交底时，合同双方一定要把所有的工程项目进行确认，包括口头约定的。

(五)现场确认工艺做法

目前家庭装修的图纸文件大多比较简单，主要原因是工程太小，如果做得太详细，设计成本往往难以让合同双方接受。因此，现场交底的一项重要工作就是把项目工艺怎样做，由设计师和业主安排、交代，设计师用笔在现场画出来、标清楚。例如，针对墙漆项目，设计师和业主在施工现场应该明确的是：墙面基础怎样处理，裂缝用什么办法解决，刮几遍腻子，刷几遍墙漆，等等，只简单地说刷立邦漆是远远不够的。

(六)确认全部装修材料品牌和规格

总体上来说，目前的装修行业还不够规范，表现之一就是偷工减料现象严重。所以，现场交底的另一个重点，就是要把甲乙双方负责采购的材料在现场交代清楚。

不仅装修公司采购的材料要交业主验收，业主自己购买的材料同样要给施工方交代清楚。因为如果业主买什么样的材料或者什么时候买，施工方不清楚，对施工方编制施工计划会产生不利影响。比如，施工方如果不清楚业主买什么规格的墙地砖，瓦工干活时放线就困难了，会影响施工进度。

此外，借助现场交底，要把一些不太清楚的事情搞清楚，让合同双方借助此次交底把施工项目以及合同双方需要配合的工作理出头绪。在现场交底对所有内容确认之后，以后所发生的一切超出上述内容的，合同双方应另行协商补充相关内容。

(七)现场交底的文字手续

为了保证所有内容具有法律效应，在装修中，合同双方应该杜绝口头协议，对所有应该明确的条款都必须用书面形式表达清楚，否则一旦产生纠纷，就会有说不清楚而难以解决问题。在现场交底中也是如此，对以下方面内容，有必要进行文字约定。

第一，施工现场需要保留的设备。这方面，合同双方应该把这些设备的数量、品质、保护的要求等，用文字说明。

第二，现场存在的问题。比如：卫生间下水发现堵塞现象，电视天线信号存在问题，具有防盗功能的户门门锁损坏，等等，需要甲乙双方签字确认。

第三，关于现场制作或特殊做法的确认。这方面的工作对于家庭装修的每一个工种都是完全必要的。如木工的细木工制品的造型；瓦工粘贴瓷砖时腰线的位置，油工油漆涂刷多少遍；电工线路怎样走，开关插座有多少个；水暖工是否需要改变上下水的走向，卫生洁具是否需要移位，等等。文字能够表达清楚的，用文字就可以了。如果用文字难以表达清楚，就需要用说明性的草图或正规图纸来做出更深入的说明。

第四，装修双方应该清楚的是，现场交底时达成的书面文字，属于协议式文件，与装修合同具有同等法律效力，是在施工以及以后的合同执行过程中合同双方必须遵守的。

二、观察施工队整体水准

根据开工第一天的观察，这个装修队的管理水平，进货质量可靠性，工人的施工水准，基本上就可以看出一个眉目来了。此时是决定下一步安排的关键时刻。如果觉得装修队达不到预期要求，或不值所开出的价格，则必须毫不犹豫地炒掉他们。

(一)观察施工队素质

观察施工队素质，最直观的就是看装修队的整体面貌，包括装修工人的形象、服装，他们对施工环境的保护情况等。有的装修队在开工之后，把家里弄得臭气熏天，乱七八糟，墙壁上乌压压的全是施工图纸。好的施工队则管理良好，现场有条不紊，井井有序。这些都反映出施工队的管理水平、施工标准化程度的高低。

看施工队素质的另一方面，就是观察装修队伍的装备。看他们的工具是否齐全，一些重要的施工工具是采用较现代化的电动设备还是使用原始落后的手工工具。这体现了施工队施工水平的现代化程度。没有科学现代的设备，这个施工队的水平注定仍处于"旧石器"时代。

一支训练有素的施工队伍应该是这样的：首先，进入现场的第一项工作，由现场管理人员为全体进场人员布置现场工作，现场的注意事项，现场需要保护的设备，水电管线的保护措施，门窗的保护及处理，等等。需要拆除的设备，安排到每个具体的人；第一阶段每个工程项目的施工工期，相关人员做到心中有数。

(二)观察施工队工种和人员配置

一家管理水平比较高的装修公司，它的施工人员应该是瓦工、木工、油工、水电工以及小工，工种齐全，设备齐全，专业化施工水平较高。这样的公司施工才不会出现"三个工人干一个工种，什么活儿都会干，什么活儿干得都不怎么样"的现象。因此，如果细心观察就会发现，一个比较好的工程，它的工人是不停变换的，可能在这样的工地上，做门的木工和做暖气罩的木工以及吊顶的木工并不一定是一组人，刷油漆的工人和刷涂料的工人也是不同的人，贴瓷砖和铺地砖的工人也是两拨人。当然，这也许是一种理想状态。但是，需要明白的是，如果一个工人样样工种都能干，这样的工程离"麻烦"就不远了。所以如果前三天这个工人还在墙面上剔线槽，之后又推起木工刨子，就要看紧点了。装修工种最忌讳"万金油式"的工人，使用"万金油"工人的往往是小公司，或者是管理不善的公司。

三、验收第一批材料

在开工第一天，一般装修公司或装修队都要开始进第一批材料。业主可以提出一同去进货，实地考察他们的进货渠道是否正规，是从那种地摊式建材市场进货，还是从正规建材超市进货。地摊式建材市场，尤其一些低档市场，是装修队最喜欢的进货渠道，那里假货充斥，价格便宜，能为装修队省下不少银子。有些假货如果不是了解到进货渠道，而仅仅是验货的话，在没有比较的前提下，业主是辨别不出好坏的。而一些伪劣产品在隐蔽工程施工以后业主是根本看不到的。关于材料验收具体方法，下文将细谈。

四、开工之初须注意的细节

(一)做好工地保护工作

每一个装修工地都或多或少有一些需要保留、今后还要使用的设备。像电表箱、煤气表以及水表是不能随便丢掉的，这些在施工中都需要保护好。上下水管、煤气管等，同样需要采取保护措施，否则会造成安全隐患。如果没有在施工开始时对这些设备采取保护性措施，施工当中被损坏的可能性就增加了。

这些设备的保护措施有：首先，电表箱等应尽可能地用小木盒或起码用塑料纸包住；上下水管等应该使用明显标志警示施工人员注意保护；敞开的下水管口，可以使用木橛或比较柔软的材料塞住管口，也可以用编织袋包住。

值得注意的是，装修工地的保护工作较少引起重视，原因是大家把精力都放在下一步需要制作的项目上了。

(二)做好垃圾处理工作

装修工地给人的感觉就是混乱，在施工队进入现场的前三天，这种感觉还要加一个"更"字。原因就是，进行拆除工作的工人认为"反正这些东西也不要了，拆成什么样也没关系"，所以就乱拆、乱放、随手乱扔。

然而，一支训练有素的施工队伍可以做到，工人有条不紊地进行拆除工作，从里到外，从上到下，将需要装入垃圾袋的施工垃圾破碎成小块，可以捆绑在一起的施工垃圾捋顺拉直，工人会清除木头上的钉子，施工垃圾也一边拆一边集中码放在一起。

家庭装修一定要把施工垃圾处理好，而且应该随时清理。这样做有两点好处，第一，保持现场清洁，给业主及施工人员一个好的环境，避免因垃圾不及时处理而发生安全伤害事件；第二，为后期的施工提供工程质量保证。例如油漆等项目的施工必须有一个清洁的环境，才能够保证施工质量。

(三)跟邻居打好招呼

有些业主由于装修时间较晚，左邻右舍都已入住，这时进行装修施工就不可避免地会对邻居产生一些影响。例如装修进料时会把公共走廊弄脏，进行电钻钻孔和切割瓷砖时会产生较大噪声。如果处理不当，就有可能还没入住，就与左邻右舍产生矛盾了。因此，在开始进行装修施工时，提前跟邻居打个招呼，一方面取得他们的理解，另一方面表示自己会尽量注意。这样做，既给邻居们一个有修养的好印象，也可以减少一些不必要的麻烦。

明白工艺流程规范

家庭装修中的纠纷，或质量事故的发生，施工工序颠倒是主要原因之一。如：有的居室地板已铺设，电源导线尚未布置；有的地砖已铺设，排水管却未排设；有的门锁已安装，门还未油漆，油漆时又不把锁具拆下，或门已油漆，锁具孔却未开，等等。所以必须了解家庭装修工艺流程标准。

装修工艺流程同时也可以反映出装修队施工水平的高下。有的装修队不严格执行工艺流程规范，常常是有什么工人就先做什么项目，其结果必然会造成一些不良后果。而高水平的装修队一般会比较严格按照流程来施工。另外，明白装修工艺流程，还可以使自己有条不紊地安排材料采购顺序，以免临阵慌乱。

在装修流程中，基本原则是：先做底层再做上层；先做脏的后做净的；先做便宜的后做贵的；自己最满意的东西能最后做就最后做，减少风险；门、橱柜等需定做的项目，能先测量就尽早测量。具体来说，装修施工流程除开工前的准备工作外，正式施工流程还包括18个环节，掌握了以下装修"降龙十八掌"，就可以理直气壮地与装修公司对话了。

一、装修前的准备工作

（一）到物业管理部门办理有关手续

装修工人从事住宅室内装修活动，未经批准，不得有下列行为：1.搭建建筑物、构筑物；2.改变住宅外立面，在非承重外墙上开门、窗；3.拆改供暖管道和设施；4.拆改燃气管道和设施。其中第1项、第2项行为应当经城市规划行政主管部门批准；第3项行为应当经供暖管理单位批准；第4项行为应当经燃气管理单位批准。

(二)装修前的毛坯房检查

对前述方面进行检查，有些问题是需要在装修过程中加强改进的，如墙地不平的问题，可让装修公司进行弥补，而户门或马桶不理想则需要进行更换。还有的则属于建筑施工质量问题，如厨卫防水，电线线路不通等，需要让开发商进行修补，应请他们及时修整，并应在装修开始之前完成这项工程。否则，一是开发商可能以装修公司已破坏现场为由拒绝保修，二来有些项目如防水工程，一旦拖下来就会影响装修进程了。

(三)换大门、封阳台

如果换防盗门的话，一定要第一个来，早换早保险，避免材料进场以后出现丢失现象。封阳台一般也不交给装修公司负责，而是自己另外请门窗厂家来封，这个工作也应当尽量在装修开工之前完成。

二、装修工艺流程

(一)拆改房间结构

有些户型由于不符合业主的个性，需要作一些改动，这是装修施工的第一项工作，必须在所有工作尚未开始时就启动。需要注意的是，打掉隔断墙时，千万不能动承重墙，否则有可能破坏建筑安全。另外，不能打掉房间与阳台之间的门窗和墙面，这样会使阳台失去重心，造成危险。在新做隔断墙时，一般用轻钢龙骨和石膏板，轻钢龙骨的质量差别很大，有的材料非常软，正规的则比较硬，用手捏一下就可以比较出来。装修队常用假冒伪劣轻钢龙骨，能省不少钱，但质量不可靠，所以要留心检查。打隔断墙还要注意在石膏板中间夹上隔声棉，以提高隔声效果。

(二)水电改造

水电气改造包括水路改造、电路改造、煤气工程改造。这些隐蔽工程是装修施工较早的项目，应当在其他工种尚未开始时就着手。水路改造主要就是埋水管，有的新房没有布置室内水路，有的则走明管，需要改为暗管。还有的开发商事先已经走好了暗管，只需要根据自己的需求作个别调整就行了。

电路改造包括强电和弱电，强电指电线，弱电指电话、电视、网络、音响线、安防线等。现在一般开发商已经都做了电路，但一般都需要作大量的增补和调整，增加不少插座，调整开关位置，重新设计电视、电话、网络线路，增加音响线路等。因为水电改造是隐蔽工程，因此需要分外注意，否则做完后就不能轻易改动了。对于水电气改造，做好了方便之极，做不好则后患无穷。

水电改造的时间是3天至1周。在水电改造的同时，就需要确定好橱柜，并联系橱柜厂家来第一次测量，并确定好厨房水路和电路改造项目，包括在哪些地方安装用多少个插座开头，水槽位置等。如果要改暖气的管道，在进行水电改造的同时也可以施工了。但一般装修公司不进行此项工程，而是找暖气厂家或专业公司做。如果是买现成的门，在水电改造的同时也可以让厂家上门测量，同步制作，因为有些厂家的生产周期往往长达1个月，不提前订做，有可能会延误周期。

(三) 木工施工

包括做门、包门套和窗套、包暖气，打柜子，做吊顶、电视墙等。木工活一般应在水电改造之后进行，也可以与水电改造同步进行。木工是装修施工较早进场的项目之一，也是施工时间较长的项目之一。根据装修木工项目多少所用时间不等，一般需要2~3周时间才能做完。

以前在装修中，木工活是最重要的工种，但现在许多业主已较少做木工活，采取大量购买成品的方式，如买成品门及门套、买现成的衣柜和书柜，而换过的钢或铝制暖气片也不用包起来，因此木工的工作量就大大减少了。

(四) 贴瓷砖

贴瓷砖的时间一般必须在水电改造已经完成验收之后才能进行。包括贴厨房、阳台、卫生间的墙地砖，客厅地砖等。贴砖也是一个施工大项，所需时间2周左右。

在贴瓷砖的时候，可以约地板厂家上门测量和确定是否需要地面找平，地面找平是瓦工的活，因此要在贴砖的同时来做。

当贴完厨房瓷砖后，可以约橱柜厂家进行第二次橱柜测量。这时就可以确定橱柜的所有尺寸和式样了。橱柜的生产周期也较长，需要尽量早一些确定尺寸。

在贴砖的时候，可以同时把空调孔打好。因为打空调孔粉尘很多，要尽量早打，起码应早于油漆工程完毕之前。

(五)油漆施工

油漆工包括门窗和衣柜、书柜等家具油漆及墙漆涂料施工。油漆施工时最好让其他工种都停工,因为油漆需要一个无尘环境,才能确保施工效果。油漆也是装修中花时间较多的项目,一般需 2～3 周时间。

(六)安开关插座

当墙漆工种还差最后一道工序时,就可以安装开关面板了。开关插座安早了易脏,而如果安晚了,容易碰坏墙壁,修补起来比较困难。开关插座安装时间约 2～3 天。

(七)安装厨卫吊顶

现在厨卫吊顶一般都采用铝扣板。需要注意的是,在安装吊顶之前,要买好厨卫灯具和浴霸,在安装吊顶的同时安装。浴霸一般由厂家负责安装,因此要协调好安装吊顶与装浴霸的时间。安装厨卫吊顶的时间约 1～2 天。

(八)橱柜安装

吊顶完成后就可以安装橱柜了。橱柜经过两次测量和将近 1 个月的制作,可以预约上门安装了。橱柜安装一般 1 天之内即可完成。

需要注意的是,在安装橱柜之前,要买好水槽、抽油烟机、煤气灶,一起安装。抽油烟机一般由厂家负责安装,要约好同时进行。如果想将微波炉和消毒柜都安装到橱柜里,也要提前买好,以便一起安装。

(九)安装卫浴五金和窗帘杆

卫浴安装包括安装洗脸盆、浴缸、淋浴喷头、马桶、漱口杯、肥皂碟、毛巾架、卫生纸盒、镜子等。窗帘杆也可以同时安装,这些东西 1～2 天也都可以完成。这时新家就渐渐成型了。

(十)安装暖气

前面提到暖气管道铺装,但当时并不安装暖气片,暖气片应在油漆工序之后地板安装之前进行,这样如果出现漏水现象,不至于泡坏地板。暖气安装完后一定要做一次打压试验,测试是否存在漏水现象。不做打压试验,后患无穷。

(十一)铺装木地板

多数家庭一般选择卧室铺地板,客厅铺瓷砖。地板铺装后要尽量少踩,因此要放后做。三居室的地板 1 天左右就能铺完。

(十二)刷最后一遍墙漆

在安开关插座、铺地板、安装窗帘杆之类的时候，对墙面难免会有磕碰，在做完这些工序之后再刷一道墙漆，这些小问题就可以弥补了。

(十三)安门上锁

在油漆工程全部完工之后，最后将卸下来的门重新安装上去，锁也可以安装了。如果事先早早地将门安上并装上锁，对装修队来说是省事了，但门锁沾上的油漆就很难清除，如果磕碰了门，也就难以修补了，因此要最后安装。

(十四)安装灯具

各种灯具安装耗时不多，1天左右就可以搞定。灯具安装完毕，新家就彻底成型了。

(十五)工程验收、结算

最终验收要按照《家庭装修工程质量规范》进行验收。届时，装修公司人员，所有工种的工人都要到场，发现一些细节问题可及时修补。还要验收工程相关材料，包括管线电路图、设备产品的保修卡等。验收完毕，根据实际装修工程量进行总结算，开具发票和装修工程保修卡。

(十六)开荒保洁

在装修过后，新家的第一次保洁工程量较大，有些方面对工艺的要求较高，如卫生间瓷砖的污迹清除、门窗玻璃擦拭、地板上蜡等，因此多数家庭都是请专业保洁公司上门服务。专业保洁公司的价格在每平方米5元，普通一套房子约花费150元左右。开荒之后，华灯初上，焕然一新的新家就展现在面前，辛辛苦苦一两个月，终于可以欣赏自己的"作品"了。

(十七)环境空气质量检测

现在家居装修都十分讲究环保，为了身体健康安全，装修完毕之后，最好进行一次新家环境质量检测，否则家具进场后的环境污染是装修材料还是家具造成的就不好确定了。

(十八)进家具，搬家

进家具时，要注意避免磕碰门和墙体，如果有磕碰，也可以叫装修公司再修补一次。进家具之后，最好再通风15天到1个月，放放味，再搬家入住。入住后也尽量多开窗通风换气，避免装修污染影响身体。

以上工序中，有的可以并行，有的则不能并行。比如贴砖，可以和批腻子一起做。木工活可以先做好，但是漆要等干净以后才能施工，道理同上。

CS 家博士提示：

在进行上述工艺流程中，除上面已经提及的注意事项外，还有一些方面也是需要特别留心。比如：

1. 在水路改造中，要考虑好洗脸盆、洗衣机、浴缸的位置、进水和排水方式，洗衣机分上排水和下排水的，洗脸盆则分为地排水和墙排水的。还要考虑好阳台是否需要预留水管，是否需要拖把池及预留位置，以便于水电工进行上、下水走管。

2. 浴室地砖铺贴之前，必须确定是使用浴屏还是浴缸或其他，这些会直接决定地砖的排水坡度。

3. 各房间及客厅地面的用材须提前沟通，以确定是否做地面的找平。

4. 瓷砖施工较早，但瓷砖完后不要立即勾缝，而要等到铺完地板再做，否则会弄脏，并且再也无法清理干净。

掌握材料采购进程

即使是采用包工包料的方式，许多材料采购也是必不可少的，如洁具、灯具、浴霸、热水器等。而大多数家庭装修采用包工包辅料方式，所需采购的东西就更多了。了解装修施工工序后，就可以根据装修工序，有序地安排材料采购先后顺序，不至于乱套。其实，许多大项的采购，应当尽量在装修开工之前就做充分的准备，甚至已经预订好。装修开始之后，又要监工，采购量又大，业主根本没有充足的时间去挑选比较各项材料了。

一、材料采购的先后顺序

按照施工流程来说，材料采购有以下几方面：

第一批材料采购（第1周）：对应于水电改造施工项目和木工施工项目。所需采购材料包括水管及配件，电线、电脑电话线、音响线、线管、细木工板、饰面板、木线和木方。用于做隔断和包立管的轻钢龙骨、水泥板、石膏板、隔声棉。

第二批材料采购（第2周）：对应于贴瓷砖、油漆工程的材料。包括防水材料，水泥、砂子、胶、瓷砖、油漆、涂料，预订橱柜，木门。

第三批材料采购（第3周）：铝扣板吊顶，浴霸，厨卫灯具，开关插座，勾缝剂用于勾瓷砖缝。

第四批材料采购（第4周）：对应于橱柜安装，需要事先采购好煤气灶、抽油烟机、水槽，需要安装到橱柜里的软水机、消毒柜、微波炉等。

第五批材料采购（第5周）：对应于卫浴安装项目，需要事先采购洗脸盆、马桶、浴缸或淋浴屏等卫浴设备，热水器，龙头、镜子、毛巾杆、香皂碟等卫浴五金件。挑选好暖气和地板。

第六批材料采购(第6周)：门锁，灯具，窗帘及窗帘杆。

二、材料验收注意事项

在装修正式开始以后，施工队就开始进一些由装修公司负责的装修辅料了。有些材料甚至在装修开始第一天就应当进场。装修公司负责的装修辅料主要包括：用于水电改造的强弱电线路、护线管、水管、防水涂料，用于包立管、做隔断墙的轻钢龙骨、石膏板、水泥板、隔声棉，用于贴瓷砖的水泥、砂子、勾缝剂，用于做门窗和柜子的木板、木方、门套线、门边线、木器漆，用于墙面处理的涂料、腻子、胶，等等。对于这些由装修队负责的材料，既要在合同中明确各项材料的规格、品牌、数量、价格，最好还需要明确进货渠道，并要明确全部要经过业主验收，未经验收不得使用。

对于一些不正规的装修公司说，在材料中参杂使假，是利润的一个重要来源。可以这样说，即使业主自己买的主材都是很好的材料，如果装修公司使用的是有问题的辅材，那么装修质量照样无法保障，那些高档主材的钱很可能就白花了。由此可见材料验收之重要了。在对装修公司进场的材料进行验收时，一方面是对一般材料是否符合合同约定进行检验，对材料的优劣进行鉴定。对各种材料的鉴定方法，本书后面将进行详细介绍，在此主要介绍几个装修公司在进料中常玩的花招。

(一)"假冒名牌"

对于一些合同中约定品牌的产品，装修公司常玩的手法就是假冒名牌。现在许多名牌材料的假冒产品都非常多，甚至一些假冒产品的销量据说要超过正牌产品的销量，而其主要购买者就是黑心的装修公司或装修队。在目前的市场上，"金秋"大芯板，"盾牌"水泥，"龙牌"石膏板和轻钢龙骨，"多乐士"墙面漆，等等，都有大量的假货充斥。有些假名牌的识别难度还非常大。

要识别这些假名牌，正规的进货渠道是一个关键环节；其次是对真假产品进行对比，业主到建材超市仔细观察或买一些同类产品进行比较，真假品在电脑喷码上常有明显区别。还有一些名牌产品有防伪电话，可以进行电话查询。

（二）"仿名牌"

一些企业不敢明目张胆地假冒名牌产品，但却敢公开地使用模仿名牌产品的方式，以假乱真。如仿"金秋"板的"全秋"板，仿"福汉"板的"福汶"板。如果有一家涂料公司将他们的产品命名为"多东士"或"多乐土"，你能辨认出来吗？

还有的装修公司用这样的策略，第一次买一些正规产品，业主一看是没问题，自然就比较放心了。等到第二次，装修公司又去材料市场买回一些仿冒产品，有些产品就是一字之差，不注意根本看不出来。仅此一项，就能够"黑"业主不少钱。

（三）"降低产品规格"

在装修工程中，瓷砖是个大项目，市场上瓷砖品种繁多，优劣混杂，不同规格的瓷砖的差价很大。有的业主在签订合同时，要求某品牌的特级瓷砖，但装修公司在采购时将特级瓷砖与一级瓷砖混合着一起买，因为特级瓷砖和一级瓷砖价格不等，中间又可以赚取上千元的差价。为防止业主发现，公司一般会安排将特级砖铺在客厅，而将一级砖铺到其他房间里以掩人耳目。这种偷梁换柱的做法较隐蔽，业主不易察觉。与此类似的还有水泥、玻璃、板材等有多种规格的材料。

（四）"进货渠道玩花样"

一些装修公司为了避免业主监督进货渠道，干脆号称统一进货，美其名曰控制进货渠道，产品质量有保障。而事实上，则是因为通过统一进货可以大幅压价，从材料供应商那里提货，材料商为了争取到大单，会给装修公司可观的回扣或大幅让利。他们供应给装修公司的产品往往比市场零售的同类产品甚至同一规格的产品质量都要差不少。业主应对的办法是明确进货渠道，或实在不放心，部分重要辅料也由自己购买。

（五）"材料数量缺斤少两"

装修公司在进材料时，材料倒是不假，有可能份量不足。这种现象最常见于水泥、胶、油漆涂料、防水材料部分。对墙面而言，一底两面三遍涂料，需要三桶底漆两桶面漆，他们可能只买回来一大一小两桶底漆和一桶面漆，这样就省下一半的材料费了。到时候施工中也就会少涂一两次，或多加些水。对付这种行为的办法，就是要明确各种材料的数量，严格监督材料数量、施工次数和施工标准。

（六）"瞒天过海和偷梁换柱"

装修公司材料造假最可恨的一招就是瞒天过海术。比如在买油漆涂料时，他们将假的产品倒到真的包装桶里，业主再怎么检验包装、防伪电话，都无法查出产品的伪劣来。可是又有几人能辨别出桶里的涂料是真是假呢？

与此相类似的是，装修公司买来一些真品，待业主验收合格后，趁业主不在时，甚至是到半夜三更再将假冒产品来个偷梁换柱，昨天还是真的东西，今天已经被"狸猫换太子"了。对付装修公司这种恶招的办法，就是在施工中经常观察材料真伪，既然他们可以偷梁换柱，业主也可以杀个回马枪。一旦发现这种恶劣行径，严惩不殆，让他们吃不了兜着走！

材料采购中的"猫腻"大曝光

由于目前大多数装修均采用包工包辅料的装修方式，因此在装修过程中，除了由施工队采购部分辅材外，其他主要装修材料一般都要由业主自己去市场采购。这些材料包括瓷砖、地板、橱柜、石材、开关插座、灯具电器、卫浴用品等，有的还包括木料、油漆。装修不仅要避免掉入装修公司的陷阱，更需要在自购材料时避免掉入销售商的陷阱。以下介绍了一些各种材料采购中奸商通用的"猫腻"，同时介绍部分主材销售中的伎俩。

一、JS通用的欺骗手法

（一）"以次充好"

有的JS（奸商）摆的样品是高质量产品，谈的价格也是按照样品的等级谈，卖给业主的却是较低价位的一二等品。如某一品牌的细木工板有两个等级，价格分为60元和78元，而JS完全可用每张60元的板材卖78元，一般消费者通常难以鉴别。

（二）"欲擒故纵"

老奸巨猾的JS容易摸透购买者心理，从而以"欲擒故纵"的手法，把主材以低价卖出，然后再将配件的价格抬高，这叫"大材不挣小材挣"。这时业主多数还沉浸在侃价得手的喜悦之中，对JS的阴谋难以察觉。比如一张某品牌的洗脸台的价位是1500元，JS可能会以1450的价格卖给你，取得信任，然后又把原本配套的下水管以100元卖给你，再加上龙头什么的，买得越多，损失越大。在买木材、窗帘等许多东西的时候都会出现这种情况。

(三)"品牌混淆"

一些名牌产品总是以专卖店的形式来销售单一品牌产品。而一些经销商则经常将几个品牌的产品一同在商店销售,然后挂上某名牌产品的店招,让业主以为所有产品都是同一个品牌的,结果经常选择了那些无名产品。这种手法经常被用于卫浴用品、瓷砖、地板等产品。

(四)计算器上"做假"

一般业主自己不带计算器,也不会怀疑计算器有假。而JS却会在计算器上做假,他们的计算器带一个遥控,遥控器一般放在口袋里,计算器在运算过程中,按一下遥控器,就会加10%,按两下加20%。结果可想而知。要警惕这一招,最好自带计算器。

(五)"特制卷尺"

在采购有关尺寸的材料如木料等,JS有时会使用一种双头卷尺,给业主看的长度是标准的,量的时候卷尺里还有个头,是少10%的。如果一次购买3000元木料,那么无形中就多赚了300元。

(六)"价格同盟"

有的市场,同类产品的一些销售商多为同乡或好友,为了谋得更高的利润,聚在一定区域,相当默契地咬住高价位,形成价格同盟。即使业主一家家问过去,也是差不多的价位。

(七)"打一枪换个地方"

有些劣质产品凭肉眼无法分辨,但用过一段时候就会出问题,在客户大量投诉之前,JS把公司地址、联系电话全部换掉,换一个地方,重新起一个牌子名称,换一套广告、宣传资料,事实上还是同一个老板,在销售同一种劣质产品。

二、木材中的猫腻

(一)"体积"计算

即使业主自己去买木料,也不一定会全程跟着计算木料的体积。这时候,JS往往会直接将木料的长度乘上宽度,乘乱将面积当体积报给业主,结果可能会花了双倍的价格买木料。比如长4米、宽0.25米、厚0.05米的木料,计算方法应该是:4米×0.25米×0.05米=0.05立方米;但只要一疏忽,他们就会算成4米×0.25米=0.1立方米,相差一倍。诸如此类计算方法的猫腻还有很多。

(二)板材厚度

进口板基本在2厘米左右，国产板材厚度从1.4~1.8厘米不等，厚度不一，价格就不相同了。因此同样质量和花色的板，JS开价不同，业主买的时候就要问清楚板的厚度。

(三)甲醛或水分含量超标

板材的好坏除了木质外还有诸多因素，如甲醛含量。板材中的甲醛主要来源于胶水，一些低劣的板材甲醛含量超过国家标准的一倍，单这一项就可比用标准胶水生产的板材成本低十多元，且对人体有极大危害。对于做地板龙骨用的木材，需要烘干，否则会造成上层地板起拱、暴漆现象，而一些木材则水分含量超标，没有烘干到位。

三、大理石中的"猫腻"

(一)"染色处理"

将相近颜色的大理石进行染色，然后按高价的色彩出售，每平方米差价在100元左右。鉴别染色板要看石材侧边，如果与板面颜色相同(未抛光的情况下)，就是染色的，一般未染色的边都是发白的，染色板看起来比较呆板，时间长了会褪色。

(二)"磨边偷工"

大理石磨边需要很好的手艺才行，一般都是石材厂的老师傅做。有些材料商则用小工磨边，结果高低不平，光泽不一，成本下来不少。磨边还有水磨和干磨之分，水磨质量好，干磨质量差，光泽度差。JS则在干磨的地方搽油，期望能够达到水磨的效果，获得更高利润。

(三)"产地冒称"

以"大花绿"色彩的大理石为例，有国产、台湾地区产、希腊产的，价格各不相同，门市看样品是进口的，最终给业主的却是国产的。同样是"大花绿"大理石，深色的要比浅色的贵，这里也会有捣鬼的地方。

(四)"修补有术"

有的大理石板上有瑕疵，JS就用铅笔修色、打蜡，有的大理石有细微裂缝,JS就用大理石胶加颜色修补,这样二级板甚至卖到一级板的价格。

四、地板中的"猫腻"

强化复合地板美观、易打理、保温性能好、安装维修容易、价格便宜,是目前应用十分广泛的地板材料。随着它的广泛使用,JS(奸商)在销售中也演绎出一系列让人眼花缭乱的招术。

(一)"进口"替代

打着100%进口或进口品牌等宣传口号,实际商家只是进口很少一部分材料,大部分采用国内材料及技术生产。两者包装、尺寸一样,甚至颜色都一样,商家以进口价销售,消费者能辨别真伪吗?为了证明其进口的"真实性",商家还能出具进口报关单及产地证明书,并承诺"假一赔十",不由得你不信。

(二)"绿色"环保

有些商家发觉,很多消费者对绿色环保和绿颜色之间的区别不是很清楚。于是就在基材板中加入绿色颜料,把基材染成绿色,对外宣传是"绿色"产品。实际上,绿色和非绿色在防水、甲醛释放、环保方面根本没有任何关系。

(三)"概念游戏"

有些商家为增加地板的牢固性,生产了"锁扣"地板。为增加其"锁扣"的功能,所谓的"双锁扣"、"三锁扣"、"四锁扣"地板不断出现,给消费者造成锁扣级数越高,质量越好的误导。实际上地板连接得是否牢固,不在锁扣级数多少,而在于锁扣板的倒角角度及倒角面积大小。地板销售中的概念游戏还有:"××甲板"、"全钻"系列、"18000转超耐磨"、"36000转超耐磨"、"全国十大名牌地板"、"欧洲皇家地板",等等,而事实上仍旧是普通木地板,价格却高出一大截。

(四)地板"抽条"

由于地板送来时是用纸盒包装着的,这就给不良商家以可乘之机。一些JS有时会在整盒的地板中抽出一块,同时在安装地板时再使用一些障眼法,不警觉的业主难以发现。负责安装的施工人员则会在业主不注意的情况下,将事先做好记号的一些"缺数地板"的包装打开,把地板铺到地上，面对铺满地面的地板，业主根本就无从追究是否缺数了。不良销售人员采取"抽条"手法，选取若干盒随机抽出一块地板，如果被抽出10块的话，这个业主就被白白"偷"了200多元钱。以地板公司平均每天施工3户240平方米计算，地板销售企业每天就可以"偷"出600多元，这样每年按照300天计算的话，一些不良的地板销售企业除了正常利润以外，每年就可以从业主地板上"偷"出将近20万元，可以买一辆帕萨特轿车了。

（五）"制造"损耗

一些地板安装人员在安装地板的过程中，恶意地制造"损耗"，在安装靠墙边不需要完整的地板时，不是将就用剩下的残板，而是每次都锯断完整的新板。等安装完毕，就会剩下一大堆被锯断的残板，多的甚至有好几平方米。他们通过这一手法，达到多卖出地板的目的。有的甚至以帮业主收拾垃圾为由，将剩下的残板带回去。

五、橱柜中的"猫腻"

近年来国人的厨房观念日益增强，也炒热了整体橱柜市场，既有名牌橱柜占有橱柜市场的大部分份额，名不见经传的小厂家勉强分食一杯羹，也有许多不规范商家，为了追求高利润，和消费者玩起了整体橱柜上的"猫腻"。

（一）价格"猫腻"

材质是整体橱柜的"主心骨"，决定其价格、质量。目前，市场上的材质五花八门，同为人造石台面，在价格、工艺水平上能分成好几个"层次"，以"杜邦可丽耐"、日本"可乐丽"为代表的进口品牌，每延米约2000元，质量上乘的国产品牌"蒙特丽"、"珊嘉松瑞石"每延米约1000元左右，差强人意的人造石每延米约300~500元。优质的人造石抗霉、环保，可以直接在上面放置食物，而劣质人造石台面发脆、容易断裂。可是，普通消费者根本就区分不出新做橱柜台面的质量高低，也很少有人专门就台面品牌和价格进行约定，这就为橱柜商家以次充好提供了便利。

（二）"套餐"猫腻

近来，不少中、高档整体橱柜纷纷在广告上打出"套餐"概念，

"8888元把整体橱柜搬回家"，"两万元买齐全套小户型橱柜"，等等。然而实际的情况并不像广告中写得那么简单，而是设有种种机关，给消费者"下套"。"尺寸标准化，修改要加钱"就是机关之一。等消费者交了定金开始测量时，设计师却告知，公司的规定套餐橱柜柜体是标准尺寸，而业主家橱柜的尺寸需要修改，所以每个柜体要加价50元。可是又有哪家的厨房尺寸是根据他们的标准做的呢？算下来要比套餐承诺的价格多交好几百元。

（三）五金件"掉包"

在展厅里，整体橱柜的合页都是世界名牌"海蒂诗"的，抽屉很容易拉开并自动回弹。拉篮和合页等五金件质感都很好。可买的时候呢，商家却表示这种优质的五金件要加价，标准价格里用的五金是国产的，质量差远了。

（四）细微之处"玩花样"

一套橱柜，所包含的材料细节非常多，业主在与商家谈的时候，多数都只注意主要方面，如台面、门板、柜体、合页等。而对于背板、衬板、踢脚、挡板、吊码、调整脚等细节方面，大多数人都不太了解。而正是在这些地方，商家常常能玩出各种花样，能省略就省略，能用劣质的就决不用好的，反正消费者不太会注意。

建材市场上当然不只是销售主材大项的销售商喜欢玩把戏，大到橱柜，小到水泥、砂子，只要能逮着机会，不良商贩们就会大赚黑心钱。俗话说"江湖多风险，入市需小心"。建议业主擦亮自己的眼睛，学会辨别"奸商"的奸计，把好装修各关口。

"装出安全的家"——"隐蔽工程"自我监理

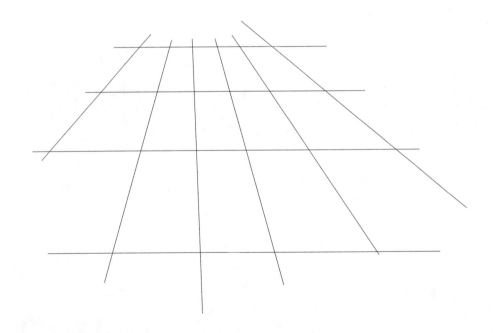

水路改造

水路改造属于隐蔽工程中的一种，既是装修工程中最先施工的一个项目，也是装修中最重要也最容易出隐患的项目。如果水路改造不规范，不但影响生活用水的方便性，更有可能因发生水管爆裂等质量事故造成"水漫金山"的可怕后果。届时，不但会损失自家财产，如发现不及时，还会殃及邻里，发生赔偿纠纷。

所谓水路改造即是对家里现有的进水、出水（给排水）位置进行改造或增加，使生活用水更为方便。目前水路改造的施工方式有两种，一种是由装修施工方实施，另一种是由专业水路改造公司实施。

如由施工方做，其收费模式一般按水管的长度计算，明管（不用开槽）和暗管（埋在墙里，要开槽）均按多少钱一米计算，材料费另计。而专业水路改造公司改造费用则包括：水管费用、管件费用、开槽费用、安装费用、拆除改装旧管道费用、水表改装费用、远途运送费用等，计费方式分为多个细项，有的甚至连打孔、焊接都要另外计算。一般来讲，专业水路改造公司比装修公司的收费要贵一些。

一、水路改造材料

（一）选哪种材料做水管

案例：2004年5月，北京亚运村附近一知名楼盘的公寓楼里，一户人家突然发生"水灾"，不仅自己家里被毁，楼下的邻居也遭殃，有两幅价值颇高的名画因此报销。经过专家现场检测，发现是装修时使用的塑料管材，在冬天1月份低温施工时发脆弯曲造成强度降低，结果几个月后造成恶果。业主一怒之下状告装修公司，要求赔偿7万元损失。

上述案例因水管材料强度不够导致两家人损失惨重，可见水路改造中材料是否合格，是把好质量的第一关。目前用于家庭装修的水管主要有以下几种：PVC（聚氯乙烯管），PAP（铝塑复合管），PP－R（聚丙烯复合管），铜管等，其中以PP－R管、铜管的使用性能最好，装修中使用较多。

PVC管：PVC管主要适用于电线管道和排污管道。

铝塑管：由于其质轻、耐用、可弯曲性且施工方便，曾是较为流行的水路管材之一。铝塑管的缺点是：如用做热水管使用时，由于长期的热胀冷缩，可能会造成管壁错位以致造成渗漏。由于存在这种隐患，所以现在使用的人越来越少了。冷水管、热水管、暖气管道都可以使用该类管材，现在暖气改造大多使用铝塑管。

PP－R管：作为一种新型水管材料，PP－R管具有得天独厚的优势，由于其无毒、质轻、耐压、耐腐蚀，正在成为一种广泛使用的材料。PP－R管不仅适用于冷水管道，也适用于热水管道，甚至是纯净饮用水管道。PP－R管的接口采用热熔技术，管子接口可完全融合到一起，安装后一旦打压测试通过，不会像铝塑管那样存在老化漏水现象。PP－R管的缺点是耐高温能力比金属管稍差，但仍然是目前性价比最高的装修水路改造材料。

铜管：铜管是一种传统管材，在欧洲使用已有上百年历史。铜水管的好处在于，抗高低温，强度好，不易爆裂。由于铜能抑制细菌生长，不但耐腐蚀还能消菌，因此又被称为绿色水管，是水管中的上品。铜管的缺点是材料和安装价格较高，并且导热快。因此铜管用作家庭水路材料还不多见，在外销公寓、高档楼盘和别墅使用较多。另外，铜管的另一个缺点也不容忽视：当水在一定时间内不流动时会产生铜锈。

到底选择哪种水管材料？除了了解各种材质的性能特点外，更重要的是不管买哪种材料做水管，都应买正规厂家生产的产品，不能贪图便宜，否则因管材质量不合格而造成的损失远比节省下的钱多。

（二）管材的选购和验收方法

一部分业主在水路改造时，材料由施工方提供，但无论是自己去选购还是施工方包工包料，都应仔细查看水管的材质质量。可从两个方面着手：

一是查看所用材质是否为正规厂家的产品，是否与合同要求相符；

二是根据平时所学到的材料辨别知识查看真假。如装修中用得最多的 PP-R 管，就可通过以下几个方面进行鉴别：一是正规厂家出厂的 PP-R 管，一般名称标示为"冷热水用聚丙烯管"或"冷热水用 PPR 管"，如果用"超细粒子改性聚丙烯管知识（PP-R）"或"PP-R 冷水管"、"PP-R 热水管"、"PP-E 管"等非正规名称，多为伪 PP-R 管；二是真 PP-R 管完全不透光，伪劣产品是半透光，PP-R 管呈白色亚光或其他色彩的亚光，伪 PP-R 管光泽明亮或色彩鲜艳；三是伪 PP-R 管手感光滑，落地声音清脆，而真正的 PP-R 管落地声沉闷。

另外，家庭用水管有 4 分管、6 分管两种。一般的家庭，主管道用 6 分管，支管使用 4 分水管即可。如果购买的是别墅，或者家里有几个卫生间，或者是住在高层，水压较小，也可以考虑使用 6 分管。

二、水路改造原则

1. 水路改造基本原则

水路改造的基本原则就是尽量保证主水路不动，走顶不走地，走竖不走横。意思是最好不要改动开发商原来设计敷设的水路管道，自己所做的增加、改造部分的管道线路，能从房顶穿越的最好不要铺在地上，并且不能在墙上横开槽。原因在于如果水管铺在地上，铺上厚厚的水泥和瓷砖后，水管得承受水泥、瓷砖的重量，再加上人经常在上面走动，有踩裂管道的危险。如在墙上横开槽则会破坏墙体的承重能力，而水管如从房顶走，安装在吊顶里面，检修会非常方便，拆开铝扣板即可。

2. 水路改造流程

在水路改造前首先要检查厨卫房间地面和顶部是否有裂缝，先做防水试验，观察有无渗漏现象；其次设计出需要移动、增加的上下水出水口的位置，用墨线勾画出需要走管的路线；然后在墙面、地面开槽，进行水管的安装和改造工作；最后，水路改造完工后，进行打压验收。另外，水路改造完成后应重做一遍防水，以修复开槽时破坏的原防水层。

3. 水路改造的管线设计

水电工程改造前，需要对家中所有用水的地方考虑周到，确定其位置与款式。只有事先做好设计，才能保证日后的用水方便。需要考虑的地方大致有：橱柜的款式，水槽的位置；确定浴室是使用浴屏还是浴缸以及款式；阳台是否预留水管；洗手盆的位置和款式；洗衣机的位置和款式；马桶位置；拖把池位置等。

三、水路施工工艺

1. 开槽

前面说过开槽不能在墙上横开槽。槽的深度应该保证水管在墙地面水平线下，并且有一定的保护层，装修后不外露；地面开槽要保证不破坏房屋原结构层。如果水管要连接到阳台等外部地方，要让装修工人事先打好孔，对于打过的孔要及时修补，卫生间、厨房打孔修补时还要注意防水问题。

2. 切割管材

切割管材是指将长管按改造的需要截成合适的长度。装修看似一件脏乱的活，工地上经常是水泥、砂子成堆，尘土飞扬，但在工艺上要求却是非常精细的。比如切割管材就不能随意割断，正规的做法是使用管子剪或切割机切，必要时可使用锋利的钢锯，但切割后的管材必须使端面垂直于管轴线，剖面应除去毛边和毛刺。PP-R管材的连接还应使用专用的热熔工具连接，管材和管件连接表面必须保持干燥、清洁和无油。

3. 水管的安装

在供水系统安装前，首先要检查水管材料、相关配件是否合格，不能出现破损，有砂眼等现象。水管管道的安装要横平竖直，不得弯曲；穿过墙体或楼板时不能强制拉直或拐弯，穿越点两侧应用固定支架固定好，管卡的位置以及管道坡度符合规范要求。各类阀门安装应位置正确且平正，便于使用和维修。给水水管接口要连接牢固，不能有渗漏现象。

冷、热水管安装应遵循左热右冷的原则，冷水管用白色管，热水管用红色管，二者之间的平行距离不小于20厘米。水管和电线套管之间也要设置一定的距离。

嵌入墙体、地面的水管管道要进行防腐处理，并且用水泥砂浆进行保护。其厚度应该符合下列要求：墙内冷水管不能小于1厘米，热水管不小于1.5厘米，嵌入地面的水管管道不小于1厘米。嵌入墙体、地面或暗敷的管道应作隐蔽工程验收。

四、水路改造的验收

（一）先找常见问题

1. 墙体开槽不深，冷热水管露出墙体，影响贴瓷砖。
2. 地坪上冷热水管交错相叠时位置没考虑好，影响地坪厚度及坡度。
3. 热水器冷热水管布管时，没按热水器的型号来布管，实际安装时有误差或位置不对。
4. 墙式冷热水龙头的位置高度不合理，龙头的中心间距不正确（正常的中心间距通常为15厘米），致使面砖贴好后，水龙头不能安装。
5. 冷热水接口位置预留不对。

以上细项是水路改造中最常见的问题，验收时应仔细检查，如发现上述问题，应让施工方立即纠正。

（二）打压测漏

要确保水路改造后没有隐患，就一定要进行打压测试。无论是铝塑复合管、PP-R管还是铜管，都应该用专门的打压设备进行打压测试。

打压具体方法：使用专业打压设备，以每平方厘米7~8千克的水压，进行30分钟左右的压力测试。打压机正式启动后，压力指针指到某个位置不动说明水路没有大的漏水，如往回弹，则应立即检查各处水管管道、接头，看有无漏水或渗水现象。

如果渗水，即便很轻微情况也要返工重新连接，以确保以后的生活中不发生漏水等事故。在确保万无一失后，再把水管封入墙内。

如果实在没有专业打压设备，也可采用以下方法进行压力测试：

首先关闭水管总阀，打开房间里面的水龙头20分钟，确保没滴水后关闭所有的水龙头。然后，关闭马桶水箱和洗衣机等具有蓄水功能的设备进水开关，再打开水管总阀。打开总阀后20分钟查看水表是否走动，如有缓慢的走动则说明有地方漏水。

打压完成后，为了保险起见，还可以再进行几天闭水试验，即关掉所有龙头，打开总开关，测试墙内水管和墙外所有接头的密封性，一旦发现墙体有渗水，需立即挖开整修。

CS家博士提示：

装修队用的打压机一般是以MPa(兆帕)为单位，人们通常说的几个压是以bar(巴)为单位，1MPa=10bar即0.8MPa=8bar，通常打压打到"8"，指的就是打压机上标的0.8MPa，打压时注意换算。另外，打压时并不是压力越大越好，过大的压力反而会破坏水管的强度从而减少其使用寿命。

（三）排水测试

卫生间、厨房是排水的主要地方，因此排水顺畅与否非常关键，也是水路改造成功与否的验收条件之一。如果排水不畅，说明施工时管道有堵塞，发现问题应及时解决，切莫拖到下道工序。

（四）检查冷热水接头

一般坐便器的位置只需留一个冷水管出口,脸盆、厨房水槽、淋浴房或浴缸的位置,都需要留冷热水两个出口。需要注意的是,不要出口留少了或者留错了,有的人家里就因坐便器留了热水接口,直到安装坐便器后才发现。如果热水管是从房顶走的，还好改正，只要从厨房拆开铝扣板调换冷热水接口位置即可，但如果走的地面，需要刨墙挖地，相当麻烦。所以一定要在改造结束后测试一下，看看各个出口出水是否正常。

（五）核对线路图

在安装、检查验收完毕后，应要求施工方提供准确、细致的水路改造图，以保证日后一旦出现漏水事故，可根据该线路图准确找到管道及各处接头的位置，方便检修。拿到线路图后，业主应进行仔细核对后方可让施工队掩埋管道。

CS家博士提示：

有的不良施工队在装修时为了图省事，将含有大量水泥、砂子和混凝土的碎块倒入下水道，这样做的直接后果就是严重堵塞下水道，造成厨房和卫生间下水不畅而跑水。因此在水路施工过程中首先要严格监督施工队，不能拿下水道当垃圾通道用。另外水路施工完毕后要马上查看下水是否正常并做好下水口的保护工作。

五、防水处理

水路改造完毕后一定要再做防水处理，以免施工中对原防水造成破坏而渗漏。在防水施工前应先用塑料袋之类的东西把排污管口包起来，扎紧，以防堵塞。

防水处理一般采用防水砂浆或防水涂料，采用防水砂浆时，水泥砂浆比例要合理，然后掺一定的防水剂。如用防水涂料则要多涂几遍，每一遍要干燥后才能涂下一遍。前后两次的涂刷方向要相互垂直。防水层刷完后应密实、平整、干燥。

防水处理的注意事项：

1. 卫生间墙面挖槽要把防水涂料刷到槽里，这样即使今后漏水也不会渗透；

2. 在一般的卫生间防水处理中，墙体上要做大约30厘米高的防水，以防积水洇透墙面，卫生间与其他房间的共用墙防水则要做到1.8米以上。如果卫生间安装两扇式的沐浴屏，相连的两面墙最好涂满防水；

3. 如果使用浴缸，与浴缸相邻的墙面，防水涂料的高度应比浴缸上沿高出一些。

4. 卫生间墙地面之间的接缝、上下水管道与地面的接缝处以及地漏四周，是最容易出现问题的地方，应涂刷到位并多涂刷几遍。

防水的验收方法：

施工完毕后，将卫生间的所有下水道堵住，并在门口砌一道25厘米高的"坎"，然后在卫生间灌入20厘米高的水。24小时后，检查四周墙面和地面有无渗漏现象，闭水前一定要通知楼下住户在场，注意检查其卫生间顶棚是否有渗漏水现象。

六、水路改造的其他注意事项

1. 水路改造要通知物业部门。水路改造涉及到上水和下水改造，水表位置、出水口位置、下水管位置等，改造前应先咨询一下物业，哪些可动，哪些不能动。事先与物业作好沟通，物业还可帮助联系、协调楼下楼上住户，以方便施工。

2. 不要私自改动水表的安装。在装修时移动、改装水表，有可能导致一些不必要的麻烦，如改造后抄表麻烦，水表读走不准确、水流不畅等，严重的还会出现水表爆裂现象。

3. 给淋浴喷头(花洒)龙头留的冷热水接口，安装水管时一定要调正角度，最好把淋浴喷头提前买好，试装一下。尤其注意是在贴瓷砖前把淋浴喷头先简单拧上，贴好砖以后再拿掉，到最后再安装。要防止出现贴砖时水管接口固定了却因角度问题装不上，这样就要拆瓷砖重装。淋浴喷头、龙头的进水接口一定要高出墙面，否则贴完墙砖后非常不好安装。

4. 给马桶留的进水接口，位置一定要和马桶水箱离地面的高度适配，如果留高了，到最后装马桶时就有可能冲突。

5. 洗手盆处，如果安装柱盆，注意冷热水出口的距离不要太宽。

电路改造

装修业内有句话叫作"家居装修，水电先行"。可见水与电的改造都是在装修的第一阶段进行，又都非常重要。电路改造也属于隐蔽工程，施工完毕，就封到墙里面了，既不易发现问题，更难以弥补存在的错误。电路工程的重要性还表现在对安全要求高，施工稍有漏洞，就容易出大问题。生活中人们无时无刻不需要电，而电在给人们带来光明与方便的同时，也带来了触电、漏电、火灾等危险隐患，一旦发生线路短路、漏电事故，不但会造成财产损失，更有可能危及生命，所以装修中必须严把电路改造这一关，才能给自己一个安全的家。

一、电路改造的内容

装修中的电路改造主要包括两部分：强电改造和弱电改造。

强电指电源和照明部分，如敷设电线线路，增加开关插座，照明灯具，灯移位，为今后的家用电器预留好电路接口等，强电改造决定着家里的用电方便程度。弱电系统是针对强电系统提出来的。它包括的内容很多，主要的有电话线、网络线、有线电视信号线、音响线、报警系统等。弱电改造则可体现家居的舒适性与智能化程度。

二、电路材料选购

目前装修电路改造也有两种施工模式，专业布线公司布线和装修公司布线。如选择专业布线公司进行电路改造，则对方多是包工包料，而选择装修队施工则有可能需要业主购买材料。不论对方提供或是业主购买，都应严把质量关，把伪劣产品拒之门外。

（一）电线

电线是强电改造所用的线材，电线有各种粗细，以内径截面大小区分，有1.0平方毫米、1.5平方毫米、2.5平方毫米、4.0平方毫米等。选择哪种规格的线，应以所用导线截面面积满足用电设备的最大输出功率为准。国家建设部110号文件规定，室内照明用2.5平方毫米规格的线，空调插座用4.0平方毫米的线，进户线则用10平方毫米。在选购或验收电线时，可用以下方法鉴别其质量好坏：

第一，看颜色。电线是单股铜芯线，铜芯电线以黄中偏红为质量上佳，而黄中发白的则是低劣的铜材。

第二，用手折（窝）电线试验其韧性。不合格的电线窝几次，绝缘层就会断裂，有的甚至用手就可剥开绝缘层，而合格产品手感柔软，电线管口边缘平滑，绝缘层无龟裂。

第三，看电线的长度和线芯粗细。国家标准规定，电线长度的误差不能超过5%，即每卷电线的长度是100±5米，截面线径误差不能超过0.02%。比如有些电线截面标明是6平方毫米，实际却只有4.5平方毫米。检查长度时不可能把一卷线都打开量，可用卷数乘以一卷的周长，得出大致数量。

第四，截取一段电线看线芯是不是在正中以及绝缘层壁厚是否均匀。

另外，施工时要使用三种不同颜色外皮的塑质铜芯导线，以便区分火线、零线和接地保护线，切不可图省事，用一种或两种颜色的电线完成整个工程。

（二）弱电线材

网线一般是指双绞线，它由几根不同颜色的线成对分别绞合在一起，成对扭绞的作用是尽可能减少不同线对之间的串扰和传输过程中的电磁辐射和外部电磁干扰的影响，双绞线可按其是否外加金属屏蔽层而区分为屏蔽双绞线（FTP、STP、PiMF）和非屏蔽双绞线（UTP）。网络线的鉴别有以下方法：

1. 真的网络线外胶皮不易燃烧，铜芯用料比较纯，有韧性，不易被拉断；

2. 将双绞线按电气特性区分有：三类、五类、超五类和六类。网络中最常用的是三类和超五类线。"三类线"里的线是二对四根，"五类线"里的线是四对八根。五类线对的扭绕度要比三类密,超五类要比五类密。

3. 网络线的缠绕方向是逆时针的,因为顺时针会对速度和传输距离造成影响;

4. 屏蔽双绞线的导线与胶皮间有一层金属网和绝缘材料,水晶头外面也被金属所包裹。网络线最好在主要房间都设有接口。

5. 真线的外胶皮不易燃烧,而假线的外胶皮大部分是易燃的。假线在较高温下(40摄氏度以上)外胶皮会变软,真的不会。

(三) 辅料

电路改造时需要将电线穿在 PVC 套管里以起到保护作用。既然 PVC 管是起保护作用的,则它的强度与韧性就很重要。检查电线 PVC 套管质量的简单办法就是用脚踩一踩,看看硬度和韧性如何,如果踩下去不能恢复或断裂,则说明其强度与韧性较差。另外,还要注意 PVC 管壁厚不得小于 1.2 毫米。

三、电路改造施工步骤

1. 检查原有电路有无问题;
2. 确定各居室需要增加改造的电源、照明;
3. 草拟布线图,确定线路终端插座,开关,面板的位置;在墙面标画出准确的位置和尺寸;
4. 开槽;
5. 埋设暗盒及敷设 PVC 电线管,穿线;
6. 核查电路布线图;安装开关、面板、各种插座、强弱电箱;
7. 验收,核查电路布线图。

四、电路改造工艺要点

(一) 画线开槽

开槽深度应一致,大小为 PVC 管直径再加 10 毫米,横平竖直。如果是钢筋混凝土墙,不能锯断墙里的钢筋开槽铺 PVC 管,而应改为使用软的胶塑护套线走线。

居室内各插座高度最小离地距离如下:电源线及插座与电视线及插座的水平间距不应小于 50 厘米,电线与暖气、热水、煤气管之间的平行距离不应小于 30 厘米，交叉距离不应小于 10 厘米。电源插座底边距地最小距离宜为 30 厘米，开关板底边距地最小距离应为 1.3 米，挂壁空调插座的高度 1.9 米，油烟机插座的高度 2.1 米，厨房插座的高度 95 厘米，挂式消毒柜插座的高度 1.90 米，洗衣机插座的高度 1.0 米，电视机插座的高度 65 厘米。

（二）敷设 PVC 管

暗线敷设必须配阻燃 PVC 管，明线则用 PVC 线槽，这样做可以确保隐蔽线路不被破坏。当管线长度超过 15 米或有两个直角弯时，应增设拉线盒。PVC 管接头均用配套接头，用 PVC 胶水粘牢。暗盒、拉线盒和 PVC 管用螺接固定，PVC 管应用管卡固定。电线护套管的弯曲处，应使用配套弯管工具或配套弯头，弄好后不应有褶皱，更不能破裂。

（三）布线

1. 电线有三种颜色，火线为红色，零线为蓝色，地线为双色线。有接地孔插座的接地线应单独安装，不得与零线混同。接地保护要可靠，导线间和导线对地间的绝缘电阻不得低于 0.5 欧姆。面向电源插座时线路应符合"左零右相，接地在上"的要求。

2. 强、弱电穿管走线的时候不能交叉，要分开。护套管内的电线走向要直，不能倾斜，不能有接头，而且要保证电线可以更换。

3. 同一管内或同一线槽内，直径 20 毫米的 PVC 电管只能穿 1.5 平方毫米截面导线 5 根，2.5 平方毫米截面导线 4 根。弱电系统（电话线、网络线、电视接收线等）与电力照明线不能同管敷设，以避免使电视、电话的信号接收受到干扰。

4. 穿入配管导线的接头应设在接线盒内，线头要留有 20~30 厘米的余量，以保证检修的方便或接开关插头错误还有纠正的余地，接头搭接应牢固，绝缘带包缠应均匀紧密。

5. 弱电电线一般也不从地面通过，多布置在房顶、墙壁中，一定要在地板下布线的话，弱电电线的外面都要加上牢固的无接头套管。如有接头，必须进行密封处理。如果对日后的弱电走线还没有想清楚，可以布置好管道和暗盒，管道里预先放好铁丝，端口留在配电箱中，方便以后使用。

（四）安装

1. 插座

强电与弱电插座应保持 50 厘米左右距离，明装插座距地面应不低于

1.8米，暗装插座距地面不低于0.3米，为防止儿童触电、用手指触摸或金属物插捅电源的孔眼，低于1.8米的插座一定要选用带有保险挡片的安全插座。插座底板的四周不能有空隙，而且要安装端正，面板的垂直度允许在0.5毫米的范围内。

单相两孔插座的施工接线要求是：当孔眼横排列时为面向插座"左零右火"；竖排列时为"上火下零"；单相三孔插座的接线要求是：左侧应接零线（N），右侧应接相线（L），中间上方应接保护地线（PE）。值得注意的是，零线与保护接地线切不可错接或接为一体。

注意：同一室内的电源、电话、电视等插座面板应在同一水平标高上，高差应小于5毫米。

2. 开关

开关安装要求距地面1.2～1.4米，距门框水平距离15～20厘米。开关的位置与灯位要相对应，同一室内的开关高度应一致。开关的数量取决于照明控制的分路，照明控制的分路要符合使用和节电要求。比如起居室要考虑用餐、会客、看电视、日常使用等不同情况，分路进行控制。

3. 施工保护

做好的线路要注意及时保护，以免出现墙壁线路被电锤打断，铺装地板时气钉枪打穿PVC线管或护套线而引起的线路损伤。

五、电路改造的验收

电路验收原则：

家居电路布线应符合四方面要求，即安全性、功能性、方便性和超前性。电路的布置应保证今后生活中的安全用电、正常用电、方便用电并考虑到将来可能变化的用电需求。电路系统的验收应注意以下方面：

1. 电气布线采用"暗管敷设"，导线在管内没有结头和扭结，电源导线距电话线、电视线不得少于50厘米，吊顶内不允许有露出的导线，严禁将导线直接埋入抹灰层内。

2. 灯头做法、开关接线位置正确，面向电源插座时，应符合"左零右相，接地在上"的要求。

3. 开关、插座安装牢固，位置正确，盖板端正，表面清洁，紧贴墙面，四周无空隙，同一房间开关或插座上沿高度一致。

根据以上原则进行必要的检查和试验，首先是用眼仔细观察，如开关的高度是否合适，一面墙上并排的插座是否排列整齐，安装是否平整等；另外进行简单的测试，可用带开关的插线板将各房间的插座都插试一遍，看其是否有电，并且每一个开关都来回开关几遍，看灯具亮不亮，并试其手感是否灵活。

六、电路改造中不规范施工提示

不规范施工之一：直接接线用电。直接用导线头连接电源插座，容易在施工中引发触电现象，是事故多发的源头。

防范：使用标准电源插头连接电源插座。

不规范之二：布线违章。电路布置距离热源过近，造成安全隐患，容易引起火灾。

防范：电线与暖气、热水、煤气管道之间的平行距离不能小于30厘米，交叉距离不能小于10厘米，且应使用电线护套管保护。

不规范之三：强弱线布置不合理。把电源线、宽带网线、电话线混合穿管，或面板排在一起，距离很近。

防范：混合布线会造成相互信号干扰，如接听电话影响电视信号。要求强电线路与弱电线路分开穿管，信号线与动力线的面板间隔不小于50厘米。

不规范之四：不按要求进行电线接头。电工在安装插座、开关和灯具时，不按施工要求接线。

防范：在施工中监督电工严格按照操作规程进行施工，在所有开关、插座安装完毕后，进行实际试用，看看这些部位是否有发热现象。

不规范之五：电线不穿管或穿管不当。把电线直接埋在墙、地，然后掩埋起来，或者电线在管内扭结，使用带接头的电线或将几股电线穿在同一根PVC管内，拐直角弯用手掰护套管。

防范：必须穿PVC护套管，具体规范操作严格按照工艺标准，如遇直角弯时必须用专用的弧度弯代替直弯，或专用弯管器将护套管做出合适的弧度。

不规范之六：线头外泄。施工人员施工时把线头去皮后都暴露在外边或电路接头也裸露在外面。

防范：在电路改造时，严禁有裸露的电线头，对于剥皮的线头必须采取保护措施，以防失火等不安全事故发生。电路接头必须在接线盒内，严禁中途接线，在分线盒之间不允许有接头。

七、重视电路改造的细节

（一）开槽

开槽前一定要先划好水平线，保证插座位置整齐。特别是厨卫贴砖以后，如果插座位置不在同一水平线上会很不美观。

使用切割机开槽较为美观方便，但容易切断钢筋和暗埋管线，从而破坏承重结构，会带来安全隐患。所以在承重墙上开槽或者在有可能暗埋管线的地方，最好用电锤一点点开槽，尽管这样比较费工夫，开的槽也比较难看，但是较安全。

（二）PVC 管

正规的操作规范是，先排 PVC 管，把管子都接好之后，再把电线穿入。个别工人一边穿电线一边接管子，这样做的后果是将来维修时很难拉动电线。另外 PVC 管子对接时应使用专用的接头，而不能用手掰弯，同时用胶水接牢。而且 PVC 管和电线盒之间的连接一定要使用专用套子套住，千万不可直接用 PVC 管和电线盒对接。

（三）插座的安装

插座安装的原则是多多益善。客厅、卧室在考虑好家具的摆放后，最好可以保留三到四组五孔插座，书房用一面墙保留插座就可以。儿童房插座要少留，最好是带保护门的插座，厨房和卫生间中的插座要方便电器插入，而且最好是配带开关的插座。

抽油烟机、电冰箱应使用独立的、带有保护接地的三眼插座，严禁自做接地线接于煤气管道上，以免发生火灾事故；卫生间常用来洗澡冲凉，易潮湿，应安装带防水盒的插座；对于插接电源时有触电危险的家用电器要采用带开关（能断开电源）的插座面板。另外，要注意不宜过多拉接插线板。

插座有功率大小之分，装插座的时候要注意区分是 10 安培还是 16 安培的，普通电器插座一般用 10 安培的，但空调因为功率大，则必须用 16 安培的。如果确定不了的话可以用 16 安培的。

（三）开关的安装

开关一般放在门口，但不要太多。开关的位置与灯的位置要相对应，同一室内的开关高度应一致。卧室最好使用双控开关，除在门口安有开关外，在床头也一定要增加一个开关，以躺在床上手能够摸到为宜，这样躺在床上也能关灯。家中如有楼梯，也要在楼上楼下使用双控开关，一般购买专用开关，多加一根火线就行。卫生间应选用防水型开关，确保人身安全。

（四）弱电系统

网线：现代人的生活离不开电脑和互联网，装修中同样要考虑到网线的合理布置。一般卧室至少要有一个网口，客厅书房最好多安几个，以方便将来换向摆设家具。

电话线：在电话入口的地方，可以考虑放置一个小交换机，有交换机的好处是屋内不但可以安装多个分机，而且其中一个接电话时，其他电话听不到。

（五）智能系统

随着生活条件的改善和科技的发展，不少业主开始安装对讲系统和紧急呼叫系统。如果住复式或有阁楼的房子，最好把对讲系统门铃用一条电线引到楼上，以免楼上楼下无谓地奔跑。为了充分发挥紧急呼叫系统的作用，最好把按钮在主卧室和客厅的适当位置各设一个。

CS 家博士提示：

电路改造验收时一定要让装修公司画一张"管线图"。可以要求电工在把电线埋进墙壁时，就把这些墙壁编上号码并画出平面图，接着用笔画出电线的走向及具体位置，注明上距楼板、下离地面及邻近墙面的方位，特别应标明管线的接头位置，这样一旦出现故障，方便查找线路位置。

暖气改造

"暖气"的专业名称为"散热器",是北方家庭装修不可缺少的设备。暖气片发展到今天,已不仅仅是只给人们带来冬天的温暖,其美观、时尚的造型也成为家居的一种重要装饰。暖气改造虽然以安装为主,但装修中人们常常将"水暖"连在一起,主要原因在于不管哪种暖气片,其供热原理基本相同,即利用热水的循环而制热。由于与水密切相关,因此,暖气改造不仅要注重实用性与装饰性,也要注意其安装改造的安全性。

一、暖气的选购

(一)暖气类别

自新型钢制暖气片问世以来,其艳丽的色彩、新颖的造型、良好的散热效果立即赢得了人们的喜爱,因此换装新型的暖气片成了大多数家庭装修的必做项目之一。在家庭装修中选择美观、安全性高、使用维护率低、散热性能高的暖气,是选择暖气的几大考虑因素。

暖气从材质上分铸铁、钢制、铝制、铜制和铜、铝复合的几种样式。从效率上看:铜的最好,铝的次之,再其次是钢,铸铁最差。

1. 铁质暖气

铸铁暖气散热性很好,但外形笨拙且易生锈腐蚀,对于独立供暖的壁挂炉有损坏性,故目前使用的家庭较少。

2. 钢质暖气

钢制暖气片是目前市场上品种最多,市场份额最大的新型暖气片。按款式分主要有板式和柱式两种。钢制暖气片的特点是优质低碳钢管材保温效果好，造型美观，色彩丰富。但钢制暖气片遇氧易发生氧化腐蚀，因此停暖时一定要充水密闭保养，防止空气进入。

3. 铝质暖气

铝合金暖气片在市场上占有相当的份额，它最大的特点是耐氧化，遇氧形成的氧化铝可防止对暖气片本体的腐蚀，不需满水保养，不会产生锈蚀碎屑。铝的另一特点是导热性好、耗材少、自重轻、水容量小、散热快、供热面积大，符合节能、环保、安全耐用的要求，但铝质暖气片怕碱性水腐蚀，耐压值较低，容易出现泄漏现象。

4. 铜铝复合暖气

铜铝复合暖气片系内壁、接口部分全部使用紫铜材料，散热片采用铝质型材复合组成。铜铝复合暖气片的特点是散热快、耐腐蚀，适用于各种水质，使用寿命长。铜铝复合暖气的缺点是连成一体，无法拆分，而且价格较高。

（二）暖气选购注意漏水问题

选择暖气最应关注的不是美观，而是漏水问题。造成暖气漏水的主要因素，一方面可能是暖气的材质、焊接、涂装工艺等不到位，就会出现承压能力差、焊口漏水、有"砂眼"、在短时间内被腐蚀等现象。另外，暖气零配件的质量以及安装材料的质量也不能忽视。比如管件、阀门、补芯、硅胶垫、弯头、跑风、丝堵、挂钩等零配件如果是低劣产品，也会造成暖气漏水。

二、暖气的安装

（一）暖气安装基本要求

暖气的质量不仅依靠产品质量，而且十分依赖安装质量。因此仅选择暖气供货商是不够的，还要选择安装和售后服务，以及是否有安装保险和家财损失险等。

因为暖气安装的技术性、经验要求都较强，非专业安装会埋下日后的事故隐患，得不偿失，因此不要用无质量保证的安装公司、施工队或街上的"游击队"安装。

暖气安装以后必须要求安装单位做打压试验，一般情况下每平方厘米的压力不小于4千克（即0.4MPa）。新型的散热器不论铜、铝、钢制的,材质都很薄。要注意暖气承受压力的情况,根据要求,每平方厘米应能承受10千克的压力,而我们的锅炉系统压力为0.4～0.5MPa(兆帕),即4～5千克的压力,因此试压时要打够压力(暖气系统的压力用MPa表示。MPa指作用于每平方厘米上的力,1MPa＝10千克的压力)。

(二) 暖气安装注意事项

暖气是"三分质量,七分安装",安装质量是整个过程中最重要的一个环节。因此在安装中要注意以下方面。

1. 暖气的安装位置。无论是传统暖气片,还是新型散热器,最佳的放置位置还是在窗台底下,如果家中是落地窗,可以把暖气放在落地窗侧面的墙边上,这样利于空气对流,易于暖气散发。

在安装中,暖气管道之间的连接处一定要处理好。一般是加装密封圈,这是一个必须的工序。另外在安装直管时,要注意给它设计一个坡度。如果没有坡度,很可能造成以后使用中有气堵住热水,影响正常的循环和取暖效果。

2. 暖气安装使用不当就会出现漏水问题(包括渗水、滴水和漏水),尤其是春夏季处于装修旺季,暖气片安装后却暂时闲置不用,到了冬季供暖时发现跑水则悔之晚矣,所遭受的损失可能会影响到地板、家具等设施。

3. 要注意暖气是否漏水,需要注意检查以下方面:暖气定位是否准确,安装是否结实,插接到不到位,丝扣的连接是不是规范,是否用了密封材料,是否在装修后打压检验暖气可承受的压力,等等。如果存在相关问题,都可能造成暖气不热,接头处漏水,甚至是大面积地跑水。同时要防止安装工人粗心大意,尤其是偷工减料的现象。

4. 如果要更换暖气,要注意施工中不能漏水。一般在更换中,施工者要在管道上事先留一个阀门。改装后经过压力测试,证明不跑水跑气,才能和以前的暖气管道衔接。

需要注意的是,在暖气更换时,尽量不要改动暖气立管的位置。谁都希望自己家装修得漂亮、完美,但是乱拆乱改暖气,会带来很多弊端。比如,原来设计好的暖气被改动后压力发生变化,供热会失调。因此,只要原来的设计基本合理,能不动的尽量别动,最多只更换暖气片,而不改动暖气管道。

三、暖气罩安装

暖气罩就是将暖气做隐蔽包装的设施。一般开发商提供的暖气多为铸铁片暖气，式样欠美观，但更换暖气则需要一笔较高的费用，而且还可能留下隐患。因此，在家庭装修中，处理暖气另一个常用方法就是制作暖气罩来进行包装美化，靠它扮靓自己的生活。

（一）暖气罩安装选材

暖气罩施工应在室内顶部、墙体已做完基层处理后开始，基层墙面应平整。暖气罩制作的木龙骨应使用红、白松木，饰面材料应符合细木装修的标准，材料无缺陷。具体内容见木工一节。

（二）暖气罩安装原则

1. 暖气罩安装施工的一个原则是：不能损坏暖气管道和暖气片，暖气罩的设计尽可能不影响室内取暖的效果。要保证暖气的散热性好，首要问题是暖气罩的散热窗设计要得当。一般可以"开天窗"，也就是散热窗在暖气罩的顶部，这样方便热气向上散发。如果顶部要摆放东西或准备做其他的装修，也可以在暖气罩的面上开窗，但是要多开一些。暖气罩的底部还必须留有进气口，让暖气周围的空气形成对流。其次，暖气罩一定要设计成可拆卸的，而且在暖气管的阀门处要留出检查口。这样做既方便每年供暖季节开始时给暖气片放气，也方便随时检修。

2. 因为暖气罩多为木质材料，因此设计师设计方案时不要让暖气罩离暖气片太近。经年累月长时间的烘烤，木材因失水过多会导致暖气罩变形，影响美观。如果暖气在窗台下，可以考虑用暖气罩把窗台一起包起来，并且把顶部做得宽阔一些，方便在上边摆放一些物件，装饰调节环境。建议小规格的暖气不做暖气罩，因为其本身比较小巧，包装后反倒会画蛇添足，显得臃肿不堪。厨房和卫生间的暖气尽量不要安装暖气罩。

（三）暖气罩安装验收

暖气罩安装中，要注意检查暖气罩的规格、尺寸及造型符合设计要求，散气的网子和暖气罩框架吻合，安装、拆卸自如。暖气罩顶部结构牢固，木龙骨及饰面板符合细木工制作用料标准，木制品表面涂刷质量符合细木工制作要求。

暖气罩施工中常见的质量问题主要有：第一，散热面小，没有热气流通回路，导致使用中热量散发不足，饰面材料变形。第二，规格上有偏差，暖气罩两端高低偏差要小于1毫米，表面平整度偏差也要小于1毫米，垂直度偏差小于2毫米。

在暖气罩安装完之后，要督促施工人员将暖气罩中的装修垃圾清理干净，以免散发异味。另外，最好撒一些药物，以防细菌和蟑螂的滋生。

吊 顶

有人曾把吊顶比作居室的帽子，大家都知道帽子能保暖，对于女孩子来说，它更是一种扮美的饰品。吊顶也有此功用，多半居室装吊顶也是为了美观，如装在厨卫间可以遮掩梁柱、管道。吊顶的式样之多如同巴黎的帽子，造型设计精彩多变，每一种都能创造出不同的装修效果。

一、吊顶的材料

吊顶的材料较多，如PVC板、铝扣板、石膏板、矿棉吸声板、玻璃纤维板、玻璃等，其中铝扣板是目前用于家居装修厨卫装修的主要吊顶材料，石膏板、玻璃则多用于正室的顶棚吊顶。由于吊顶是用于房顶，直接关系到人身安全，各种材料的质量把关就显得格外重要。

选择石膏板时应注意：表面不应有影响装修效果的气孔、污痕、裂纹、缺角和不完整图案等缺陷，另外，石膏板尺寸偏差也不能过大。检查石膏板的弹性，可试着用手敲击板面，如发出很空的声音说明板内有空鼓现象，质地不好。

选择铝扣板时，主要看其表面光洁度与韧性。好的铝扣板表面喷漆均匀、厚度均匀，有光泽，韧性好。判断真假铝扣板可用磁铁试验：真铝材不吸磁铁，而质次的铝材或假铝材材质不纯，一般都能吸磁铁。

关于吊顶的选购方法请查看《轻松采购》一书。

二、吊顶的方式

吊顶的方式虽多，但总的来说可以分为平板吊顶、异型吊顶、局部吊顶、格栅式吊顶、藻井式吊顶等五大类型。

平板吊顶：一般是以PVC板、铝扣板、石膏板、矿棉吸声板、玻璃纤维板、玻璃等为材料，照明灯卧于顶部平面之内或吸于顶上。平板吊顶一般应用在卫生间、厨房、阳台和门厅等部位。

异型吊顶：异型吊顶是局部吊顶的一种，适用于卧室、书房等房间，层高比较低的居室客厅，也可以采用异型吊顶。异型吊顶就是先用平板吊顶的方法，在房间顶棚的局部做造型，顶面嵌入筒灯或内藏日光灯，使装修后的顶面形成两个层次，以免产生压抑感。异型吊顶采用的云型波浪线或不规则弧线，一般要求是不得超过整体顶面面积的三分之一，比例过大或过小，整体效果都不会太理想。

局部吊顶：局部吊顶是在房间高度不允许全部吊顶的情况下，为了遮掩居室顶部的水、暖、气管道，采用的遮掩局部的吊顶方式。局部吊顶如果处理得当，装修出来的效果与异型吊顶相似。

格栅式吊顶：也叫龙骨吊顶。先用木材做成框架，镶嵌上透光或磨砂玻璃，光源在玻璃上面。格栅式吊顶属于平板吊顶的一种，但造型要比平板吊顶生动和活泼，装修的效果比较好。它的优点是光线柔和，轻松自然，一般适用于居室的餐厅和门厅。

藻井式吊顶：藻井式吊顶的前提是房间高度必须在2.85米以上，且房间较大。它的做法是在房顶的四周进行局部吊顶，可设计成一层或两层。装修后有增加空间高度的效果，还可以改变室内的灯光照明效果。

随着装修时尚的变化，目前，吊顶热潮已在减退，新的装修时尚提倡正室（如客厅、卧室）内不做吊顶，房顶只做简单的平面处理，采用现代的灯饰灯具，配以精致的角线，给人轻松自然的感觉。

三、吊顶注意事项

吊顶并不是非做不可，什么情况下适宜吊顶，可遵循以下两点原则：一要能遮盖建筑原有的梁和管线，二要保证吊顶前后空间高度基本相同。

有的房间受户型影响，房梁不太美观，这时，就可以通过吊顶来修饰。比如业主想把阳台改成客厅的一部分，但两者之间隔着房梁，这时就可以采用向外做吊顶的方法，把房梁遮盖住。同样，也可以用此方法来遮住窗帘盒。

卫生间和厨房，因为房间顶部有管道，一般情况下都要做吊顶。吊顶时要选择无污染、无纤维粉尘的材料，另外要保证照明设施良好，以给人卫生洁净的透亮感。

吊顶工程，无论哪种类型，质量与安全都是第一位，而合理的设计、优质的材料、规范的施工是吊顶质量与安全的重要保证，尤其是应注意以下几点：

1. **吊顶材料应是防火的**。吊顶里面一般要敷设照明、空调等电器、管线，因而一定要选择防火材料，如果选用了木质材料就要先做防火处理。施工时也应严格按规范作业，以免留下隐患。

2. **吊顶要设置检修孔**。千万不要因为检修孔影响吊顶美观而不设置，因为如果没有检修孔，一旦吊顶内的管线出了故障，只有撤了整个吊顶才能进行检修，十分麻烦。业主可以对检修孔进行艺术处理，解决吊顶观感的问题。

3. **玻璃吊顶注意安全**。很多人喜欢用色彩丰富的彩花玻璃、磨砂玻璃做吊顶，这本是无可厚非，但如果用料不妥，容易发生事故。为安全起见，玻璃吊顶最好使用国家规定的钢化玻璃或夹胶玻璃。

4. **厨房、卫生间吊顶宜采用金属、塑料等材质**。卫生间和厨房都是易潮易污的地方，如果房顶用饰面板或涂料装饰，容易受潮变形或脱皮。因此，卫生间、厨房吊顶要选用不吸潮气的材料，比如金属或塑料扣板，如果选用其他材料则应采取防潮措施，如刷防水漆等。

四、吊顶的施工工艺

吊顶中最常见常用的就是铝扣板吊顶（一般适用于厨卫）和木格栅吊顶（一般适用于居室门厅、走廊）。

（一）铝扣板吊顶

一般铝扣板配用专用龙骨，龙骨为镀锌钢板和烤漆钢板，标准长度为3米。铝扣板吊顶的施工工艺如下：

1. 根据同一水平高度装好收边角。按合适的间距吊装轻钢龙骨（38毫米或50毫米的龙骨），一般间距1~1.2米，吊杆距离按轻钢龙骨的规定分布。

2. 把预装在扣板龙骨上的吊件，连同扣板龙骨并与轻钢龙骨成垂直方向扣在轻钢龙骨下面，扣板龙骨间距一般为1米，全部装完后必须调整水平。

3. 将条扣板按顺序并列平行扣在配套龙骨上，条扣板连接时用专用龙骨系列连接件驳接。条扣板应紧扣在支架上，板与板之间缝隙应均匀。

4. 安装扣板时必须带手套。如不慎留下指印或污渍，可用洗涤精加水清洗后抹干即可。好的安装工艺应拆卸方便。

（二） 木格栅吊顶

施工工艺流程：准确测量→精加工龙骨→表面刨光→开半槽搭接→涂刷阻燃剂→涂刷清油→安装磨砂玻璃

施工要点：制作木格栅骨架前应准确测量顶棚尺寸；龙骨应进行精加工，表面刨光，接口处开榫，横、竖龙骨交接处应开半槽搭接，并涂刷阻燃剂。

（三） 藻井吊顶

木龙骨安装要点：首先应弹出标高线、造型位置线、吊挂点布局线和灯具安装位置线。龙骨架顶部吊点固定有两种方法：一种是用直径5毫米以上的射钉直接将角铁或扁铁固定在顶部；另一种是先在顶部打孔，用膨胀螺栓固定铁件或木方做吊点。无论哪种方式都应保证吊点牢固、安全。木龙骨架安装完毕，应先进行质量检测与验收，合格后方可安装饰面板。

饰面板的安装：吊顶饰面板主要有石膏板和木材板两大类，两种都要求板面平整，无凹凸，无断裂，边角整齐。

饰面板的安装方法主要有圆钉固定法和木螺钉固定法两种，其中圆钉固定法主要用于木材饰面板安装，施工速度快；木螺钉固定法主要用于石膏饰面板，以提高板材执钉能力。安装时，饰面板应与墙面完全吻合（有装修角线的可留有缝隙），饰面板之间接缝应紧密。安装饰面板时应预留出灯口位置。饰面板安装完毕，还需进行饰面的表面装饰，常用的材料为乳胶漆、壁纸，施工方法与墙面施工相同。

五、吊顶的验收

1. 金属板吊顶（如铝扣板）验收

金属板与龙骨连接必须牢固可靠，不能松动变形；设备口、灯具的位置应合理，按条、块分格对称；管线处套割尺寸准确，边缘整齐，不露缝，排列顺直、方正；接缝、接口严密，板缝顺直，宽窄均匀；阴阳角收边方正；装修线肩角、割向正确，镀膜完好、无划痕；颜色协调一致、美观。

2. 纸面石膏板、木质胶合板吊顶验收

木质龙骨、胶合板必须按有关规定进行防火阻燃处理；罩面板与龙骨连接必须紧密、牢固；设备口、灯具位置必须按板块分格对称设置，布局合理；开口边缘整齐，护口严密、不露缝。

罩面板的表面平整、起拱正确，颜色一致，洁净、无污染，无返锈、麻点、锤印，无外露钉帽；罩面板接缝位于龙骨上，宽窄均匀、压条顺直，无翘曲，光滑通顺，接缝严密，无透漏；阴阳角收边方正。

3. 花栅吊顶验收

花栅表面平整，颜色均匀，镀膜或漆膜完整，无划痕、碰伤，无污染；组装牢固、方正，角度方向一致；接口严密，无明显错台错位，纵横向顺直，收边方正。

4. 玻璃吊顶验收

龙骨、框架必须按有关规定做防火、防腐、防锈等处理，玻璃与槽口搭接尺寸合理，安装必须牢固；玻璃色彩、花纹符合设计要求，镀膜面朝向正确；表面花纹整齐，图案排列有序，洁净；镀膜完整，无划伤，无污染。

六、吊顶常见问题

吊顶本身是起装饰作用的，做好了是锦上添花，做得不好，反倒有碍观瞻。下面列举几个吊顶中常见问题，业主可从中吸取教训，未雨绸缪。

1. 吊顶不平，倾斜。 原因有以下几种：吊顶的标高没有找准水平，或者弹的墨线不清；吊顶的间距过大，龙骨受力变形；木螺钉与石膏板边的距离大小不一致；如果是木龙骨吊顶，有可能是木材的含水率太高。

规范做法：墙面的标高线要找准，墨线要清楚。如果是选用轻钢龙骨，吊杆间距应为120～150厘米。使用的木材应符合要求，固定牢固。

木螺钉与板的边缘在1~1.6厘米左右。板中间螺钉的距离不得大于20厘米。

2. **龙骨出现扭曲**。主要原因是小龙骨安装不正，卡档龙骨与小龙骨开槽位置不准。修补办法只能是重新调整、安装。如果龙骨向上突起或者下坠，说明施工时尺寸测量不准，应返工重装。

3. **吊顶饰面板出现鼓包**。主要是由于钉子没有完全进入板内。无论是圆钉、木螺钉，都必须保证钉帽钉到饰面板里面。具体操作可用铁锤垫上铁垫把圆钉钉进去，或用螺钉旋具把木螺钉旋到板内，再用腻子抹平。注意一点，吊顶选用纸面石膏板的，不要损坏石膏板的纸面。

4. **吊顶的纸面石膏板开裂**。原因有可能是板缝衔接处构造不合理，也有可能是石膏板质量差。石膏板吊顶时，要确保在无应力状态下固定。龙骨及固定的螺钉间距按要求施工。再有，整体刮腻子时，注意厚薄适当。

家装中不规范施工图示

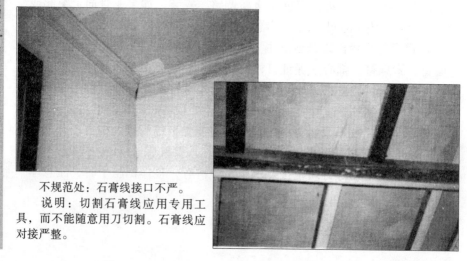

不规范处：石膏线接口不严。

说明：切割石膏线应用专用工具，而不能随意用刀切割。石膏线应对接严整。

不规范处：隔断墙用木方做龙骨。

说明：做隔断墙必须用轻钢龙骨两边夹1.2毫米的石膏板，中间再加保温层与隔声棉。

不规范处：石膏板吊顶有破损。

说明：石膏板吊顶应完整无破损，以防止老鼠、蟑螂在吊顶中做窝。

不规范处：门打不开也关不上。

说明：合页开槽过深。

"隐蔽工程"自我监理

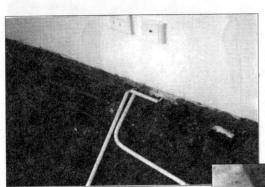

不规范处：护套管没与接线盒连接。

说明：PVC 护套管两端应与墙上的接线盒连接并固定好，而不是只保护地面部分。

不规范处：护套管断裂。

说明：电线敷设中应保证 PVC 管的完好无损，否则难以起到保护作用。

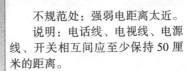

不规范处：强弱电距离太近。

说明：电话线、电视线、电源线、开关相互间应至少保持 50 厘米的距离。

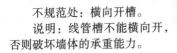

不规范处：横向开槽。

说明：线管槽不能横向开，否则破坏墙体的承重能力。

"我的房子我做主"之明白家装

不规范处：未用管卡，冷热水管颜色未区分。

说明：改造的水管应用专用管卡固定在墙体上，热水管最好用红色管。

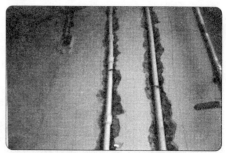

不规范处：埋在墙里的水管有接头，管槽未做防水。

说明：埋在墙里的管线不应有接头，线槽应做防水，管线用专用管卡固定。

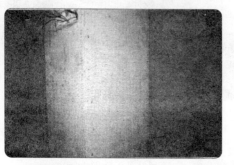

不规范处：在排烟道内布电线。

说明：禁止在厨房的排烟道内布设电线，这样既增加排烟阻力，又有安全隐患。

不规范处：开关插座不能通路供电。

说明：按照电器施工规范要求，开关应至少距地面1.4米，插座距地面0.3米，且开关与插座不能通路供电。

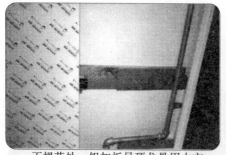

不规范处：铝扣板吊顶龙骨用木方。

说明：铝扣板吊顶应用专用的轻钢龙骨，如用木方会因受潮虫腐而缩短使用时间。

不规范处：电线未穿护套管。

说明：所有新增电线布置必须穿设PVC护套管。

"隐蔽工程"自我监理

不规范处：卫生间与客厅的地面无坡度。

说明：卫生间与客厅的地面应有不小于 2 厘米的高度差，过渡条应用金属扣条，而不能用木方代替，以防被淹。

不规范处：墙与地面交接不平整。
说明：墙面与地面交接应实现点、线、面、角的和谐统一不，表面平整。

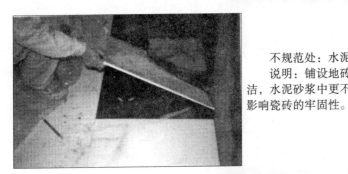

不规范处：水泥砂浆中有杂质。
说明：铺设地砖时应保持地面整洁，水泥砂浆中更不能有杂质，否则影响瓷砖的牢固性。

不规范处：墙面出现裂缝。
说明：非结构性问题造成的墙面直线开裂，多是由于刷漆时墙面基层处理不好。

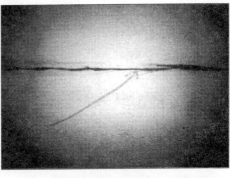

「我的房子我做主」之明白家装

"装出漂亮的家"——"表面工程"自我监理

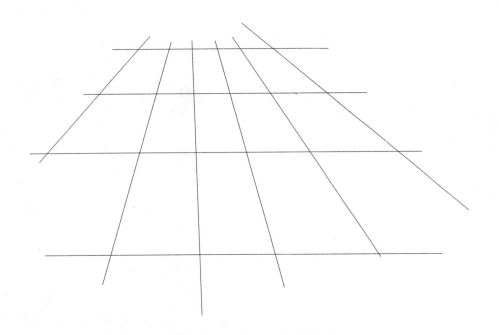

瓷砖工程

瓷砖和地板在居家装修中都起着重要的作用。比起地板的条框分明，瓷砖在小巧中多了一些变化与妩媚。可以说贴瓷砖是目前家庭装修中不可或缺的一项施工项目，瓷砖工艺的高低体现了家居装修质量的一个重要方面。

一、瓷砖的选购技巧

家庭装修的瓷砖按所贴位置可分为地砖和墙砖。地砖是铺装居室地面的瓷砖产品，地砖常见规格是33厘米×33厘米(主要应用于厨卫地面)、60厘米×60厘米(主要应用于客厅地面)，近来，客厅又开始流行80厘米×80厘米的大地砖。要根据房间的大小选择地砖，小房间不宜用大规格的地砖，否则会有不协调的感觉。墙砖主要用于厨房与卫生间的墙面，常见规格多为25厘米×33厘米和20厘米×30厘米，当然也有20厘米×20厘米的小方砖。另外，现在很流行一种无缝砖，规格为30厘米×60厘米和30厘米×90厘米，特点是粘贴的时候不留缝。

(一)瓷砖的种类

瓷砖按照材质和制作工艺又可分为釉面砖、通体砖、抛光砖、玻化砖和陶瓷锦砖五种。它们虽然同属瓷砖，性能特点却各不相同。

釉面砖就是表面经过烧釉处理的砖，是目前家庭装修中用得最多的瓷砖。釉面砖的特点是色泽柔和，装饰性强，效果独特，价格适中。

通体砖是不上釉的瓷质砖，整块砖的质地、色调一致。通体砖较少应用于墙面，多数的防滑砖都属于通体砖。通体砖的特点是防滑性和耐磨性好，素有"防滑地砖"之称，没有釉面砖色彩亮丽。

抛光砖是通体砖表面经过打磨而成的一种光亮的砖，平面光洁，硬度较高，耐磨，实用，但易脏。

玻化砖是一种高温烧制的瓷质砖，是所有瓷砖中最硬的一种。玻化砖是一种强化的抛光砖，质地比抛光砖更硬更耐磨，是所有瓷砖中最硬的一种。

陶瓷锦砖（即马赛克），色彩丰富，规格多，薄而小，质地坚硬，耐酸、耐碱、耐磨，不渗水，抗压力强，不易破碎，深受时尚人士的喜爱。锦砖有陶瓷锦砖和玻璃锦砖两种。

(二)瓷砖鉴别方法

瓷砖品质的好坏直接影响瓷砖贴后的效果。要想达到理想的装修效果，首先就要把好选材关。选购瓷砖应注意颜色、尺寸、平整度有无偏差，这三者直接关系到瓷砖铺贴后的观感；瓷砖的硬度和吸水率则影响瓷砖的使用寿命，选购时都应注意。

无论哪种瓷砖，判断其质量不外乎耐磨度、吸水率、硬度、色差、尺码等几个标准。业主可以用以下方法初步判定瓷砖的质量：

看外观。优质瓷砖应具有以下特征：色泽均匀，表面光洁，平整度高，周边规则，图案完整，硬度高。

听声音。用手轻轻敲击地砖，若声音清脆、悦耳，则表明瓷砖瓷化程度高，质量好；若声音沉闷、滞浊，则表明烧结度不够，质地比较差。

用水滴。将水滴在瓷砖背面，看水散开后浸润的快慢。一般来说，吸水越慢，说明该瓷砖密度越大，质量较好；反之，吸水越快，说明瓷砖密度稀疏，质量较差。

用尺量。首先把四块砖平放在地面上拼合起来，看是否有缝隙，是否平整。然后用卷尺测量瓷砖的周边大小，边长的精确度越高，质量越好；反之，精确度越低，质量较差。

(三)瓷砖用料计算

瓷砖可以论块出售，也可按平方米出售。有的建材商店备有换算图表，根据面积即可查得所需瓷砖数量，有的瓷砖包装箱上也会列明一箱瓷砖可铺贴的面积。当然，业主也可事先计算好面积，计算公式如下：

(装修面积÷每块瓷砖面积)×(1+3%)=所需瓷砖块数(3%是施工损耗量)

铺贴瓷砖所用的辅料主要有普通水泥、白水泥、中砂、108胶等。

铺贴墙砖每平方米需普通水泥 11 千克、中砂 33 千克，铺贴地砖每平方米需普通水泥 12.5 千克、中砂 34 千克。白水泥是铺贴瓷砖后做勾缝处理的，每平方米瓷砖约需白水泥 0.5 千克。不过，现在居室装修更多的是选用专门的勾缝剂，白水泥已逐渐淘汰。

(四) 瓷砖送货时的验收

大多数瓷砖销售商都会负责送货，业主选购时认准花色和品牌，预付一部分定金，让销售商按时送货。但为防止销售商"偷梁换柱"，业主在收货时必须仔细验货，主要从以下几方面考察：

1. 确认是否是自己所订的货物，花色、品种、规格等是否与所订一致。

2. 计算数量是否正确。不良商家喜欢玩调包、偷工减料之类的把戏。

3. 检查瓷砖有无破损。所送瓷砖一般都是包装完好的，检查时只需打开箱子摇晃几下，听其声音是否正常，如果箱内的瓷砖有破裂，可以听到细碎的声音。

4. 检查箱内货物是否一致，这是验收瓷砖最重要的一点。首先看包装箱上的色号是否相同；其次，将每箱瓷砖开包取几块平铺在地上，看颜色差别。如发现有色差、缺角或破裂的瓷砖，应要求更换，如果无法更换，则应尽量把有色差的瓷砖铺在不显眼的地方。

瓷砖铺完后如有剩余，可以退货，瓷砖行业一般是多退少补。但泡过水或粘有水泥、胶的瓷砖不能退货。另外，业主应留下几块瓷砖，以备后用。

二、瓷砖的施工工艺

瓷砖的铺贴施工条件：水工、电工布完管线，水管打压合格，水管、接头无渗、漏水现象，水龙头位置定好，开关和插座的线盒已固定，防水处理完工，就可以铺瓷砖了。

(一) 瓷砖铺贴前的准备

1. 墙面和地面处理：地面要求平整干净，无杂物。如果墙面较平整，则应先做拉毛处理，即用砂浆把墙面弄得粗糙不平，这样瓷砖粘贴会更牢固。其次是墙面的弹线，依照水平线画出分格线。根据水平线来放置一个托板，目的是防止墙砖没有干而脱落。

2. 瓷砖铺贴的辅料：贴砖要用好水泥，应使用强度等级为32.5的水泥，其生产日期最好在1个月内，否则水泥强度会有所下降。优质水泥6小时后即可凝固。如果一天前贴的瓷砖仍能够完整起下来更换，则说明水泥质量较差，2~3个月后有可能出现部分瓷砖起鼓、脱落现象。

3. 瓷砖的铺贴形式：有常规和非常规两种。常规的铺法是直铺、斜铺，要求都是瓷砖对缝直接铺设。正方形的瓷砖可以直铺、斜铺，斜铺的效果也不错；而长方形的瓷砖横铺竖铺都不错，直铺和斜铺也常被组合起来使用。非常规的铺法是把瓷砖错开来，成特别的工字纹。要注意，墙砖不能一次贴到顶，以防瓷砖自重较大，引起塌落。

瓷砖泡水：普通陶瓷砖粘贴前必须在清水中浸泡2小时以上，以砖体在水中不冒泡为准，取出晾干待用。抛光砖与玻化砖则不需要泡水，可直接贴。

(二) 瓷砖的铺设方法

瓷砖的铺设方法有干铺法和湿铺法两种。一般以砖的材质来分，60厘米以上的玻化类瓷砖主要采用干铺法，而30厘米的通体类瓷砖适宜用湿铺法。

1. 干铺法

干铺法和湿铺法的区别之一是和水泥的比例。湿铺法要求的水泥比较多，和得比较稀。干铺法要求砂子多一些，使用一比三的干性水泥砂浆。干铺法要求把地面用水浇一遍，湿润后去掉地面的浮土、砂子等杂物，然后在地面上抹上一层厚的水泥砂浆，再按照墙上弹出的水平线一块砖一块砖地铺，用皮锤敲实瓷砖，注意水泥砂浆铺得是否均匀，有无空鼓现象，最后还要把瓷砖揭起来，在铺的地方撒上干水泥粉，第二次铺上瓷砖并且压结实。

这种铺法较为麻烦，但是能避免地砖出现气泡、空鼓等现象，技术含量高。干铺法对于辅料的用量也较湿铺法多。

2. 湿铺法

湿铺法是较普遍的瓷砖铺贴方法，墙、地砖均可采用。首先是把1:3的干性水泥砂浆换成普通的水泥砂浆，铺的时候，一块砖一块砖地抹水泥砂浆，在砖的背面涂好砂浆再贴到已经处理平整、干净的墙面和地面上，另外，贴好的瓷砖不用揭下来，用皮锤敲结实即可。用湿铺法铺的地砖容易出现空鼓和气泡，影响地砖的使用寿命，但是由于湿铺法操作简易，速度快，所以现在仍有很多瓦工采用这种方法贴地砖。

值得注意的是，目前又出现了一种用瓷砖胶粘剂贴砖的新方法。使用这种瓷砖胶粘剂贴砖不需要水泥砂浆，瓷砖也不需要事先用水浸湿，优质的胶粘剂其粘结效果也超过了传统水泥砂浆的铺设。

(三)墙面瓷砖的施工要点

1. 基层处理时，应全部清理墙面上的污物，并提前一天浇水湿润。如基层为新墙时，待水泥砂浆七成干时，就应进行排砖、弹线、粘贴墙砖。

2. 铺贴前应弹好线，在地面弹出与门道口成直角的基准线，弹线应从门口开始，以保证进口处为整砖，非整砖置于阴角或家具下面，弹线应弹出纵横定位控制线。

3. 正式粘贴前必须粘贴标准点，用以控制粘贴表面的平整度，操作时应随时用靠尺检查平整度，不平、不直的墙砖，要取下重贴。

4. 粘贴墙砖时应自下向上粘贴，要求砂浆饱满，亏砂浆时瓷砖会有空鼓现象，必须取下重粘，不能从砖缝、未封口处塞灰补垫。

5. 铺贴瓷砖时遇到管线、灯具开关和卫生间设备的支承件等，应用整砖套割吻合，不能用非整砖拼凑粘贴。

6. 为了使所有的瓷砖缝都保持同样宽度，应当在铺砖的时候使用塑料十字架，这样贴出来的砖缝就会非常整齐统一。

7. 无论哪种方法，都要随时检查瓷砖铺设的方正度，一般铺完一行砖就应检查一次。地砖应由内向外贴。厨房、卫生间、阳台等地铺设地砖，要注意地漏处的坡度处理，以便以后排水顺畅。

8. 瓷砖铺好后，要在最短时间内用毛巾清除表面的水泥等污渍，否则干后将较难清理，同时要用纸板等盖住瓷砖表面，24小时后才能在砖面上行走。

(四)瓷砖铺贴细节处理

1. 一般承重墙面用水泥砂浆即可，但是在厨房烟道、卫生间风道和厨卫包了管道的墙面上贴砖时，必须先挂铁丝网，然后再在水泥砂浆里面添加一定量的108胶，增加粘结力。

2. 卫生间铺地砖时一定要有坡度，使地漏处为最低点，以利于淋浴时排水。坡度稍大一点，才能排水顺畅。

3. 瓷砖铺到边沿时往往不是整块，应该把整瓷砖铺设在居室主要地方，墙边沿和角落处可用裁切出的砖拼补。

4. 瓷砖铺好后，尽快用毛巾将表面的水泥等污渍清洁干净，切不可事后用钢丝球清洁，特别是卫生间亚光瓷砖，用钢丝球清洁会损毁瓷砖表面。

5. 花片瓷砖一般不宜过多，高度不需要水平，有点错落感较好，但一定要注意粘贴的位置，要贴在显眼处，最好是站在卫生间或厨房的门口能一目了然。

6. 水泥超过出厂期三个月就不能用了，更不能将不同品种、强度等级的水泥混用；砂子一定要选用河砂，尝一尝味道就可区分出海砂与河砂。

(五) 勾缝

以往，无论是地面还是墙面的瓷砖间隙都使用白水泥勾缝，但白水泥不是专业填缝材料，填缝后会产生龟裂、变色、脱落、泛碱等现象。目前装修界开始使用专用的勾缝剂勾缝，专用勾缝剂的使用在国外已是非常普遍，但在国内却是刚开始流行。勾缝剂的特点是颜色丰富、固着力强、耐压耐磨、不碱化、不收缩、不粉化，不但改变了瓷砖缝隙脱落、粘合不牢的毛病，而且使缝隙的颜色和瓷砖相配，显得统一协调。

勾缝剂使用时注意：一定要让工人勾完缝后及时(10分钟以内)用干净抹布将遗留在砖上的勾缝剂擦掉，以免时间一长粘到瓷砖上的勾缝剂难以擦掉。

(六) 瓷砖铺贴验收

首先，检查瓷砖铺设是否牢固，有无空鼓现象。可以用手或小锤轻轻敲击瓷砖表面，听有无空响声，如出现空响声，说明下面水泥砂浆未抹均匀或用量不够，地面砖下面虚空。

其次，瓷砖的砖块接缝填嵌应密实、平直，宽窄均匀，颜色一致，阴阳角处搭接方向正确。注意用手抚摸瓷砖，尤其是接缝处，以感觉铺贴是否平整。

再看瓷砖表面有无裂纹、翘起、掉角等现象，尤其是注意瓷砖的花纹图案铺法是否正确。非整砖铺贴部位适当，排列平直，预留孔洞尺寸正确、边缘整齐。

最后，测试厨房、卫生间的地面下水坡度是否合适，水流是否顺畅。

三、瓷砖铺贴中常见问题及处理方法

墙面瓷砖铺贴中常见的质量缺陷为空鼓脱落、变色、接缝不平直和表面裂缝等。

1. 空鼓脱落：主要原因是粘贴材料不充实、砖块浸泡不够和基层处理不净。施工时，釉面砖必须清洁干净，浸泡不少于2小时，粘结层厚度应控制在7~10毫米之间，不得过厚或过薄。粘贴时要使面砖与底层粘贴密实，可以用皮锤轻轻敲击。产生空鼓时，应取下墙面砖，铲去原来的粘结砂浆，采用添加胶的水泥砂浆修补。

2. 色变：主要原因除瓷砖质量差、轴面过薄外，操作方法不当也是重要因素。施工中应严格选好材料，浸泡釉面砖应使用清洁干净的水。粘贴的水泥砂浆应使用纯净的砂子和水泥。操作时要随时清理砖面上残留的砂浆。如色差较大的墙砖应予更新。

3. 接缝不平直：主要原因是砖的规格有差异或施工不当。施工时应认真挑选面砖，将同一类尺寸的归在一起，用于一面墙上。必须贴标准点，标准点要以靠尺能靠上为准，每粘贴一行后应及时用靠尺横、竖靠直检查，及时校正。如接缝超过允许误差，应及时取下墙面瓷砖，返工重贴。

四、小心施工队的"小伎俩"

（一）"偷工减料"

铺贴墙地砖是技术性较强的施工项目，如果工人做工马虎、偷工减料的话，最容易出现瓷砖空鼓、对缝不齐等问题，另外铺贴瓷砖用的水泥胶粘剂也有讲究，如果配比不合理也会出现脱落等问题。

检查瓷砖是否空鼓的时候，如果没有特制的小锤，可以找个小钢棍或者小石块都行，不要用接触面积太大的工具，否则小块空鼓就查不出来了。

发现有空鼓、贴错位置、切割不整齐或者有缺损的砖等等，要毫不犹豫地让工人更换，别听信工人说什么时间长了不好换，这只是他们偷懒找的托词。只要负责任，瓷砖贴上一两周以后工人一样还可以换得很好。

（二）"或快或慢的施工"

墙面瓷砖粘贴比较耗费工时，在辅助材料备齐、基层处理较好的情况下，每个工人一天能完成 5 平方米左右，一般家庭装修铺贴卫生间、厨房墙面需要 7 天左右。陶瓷墙砖的规格不同，使用的胶粘剂不同，基层墙面管线多少的不同，也会影响到施工工期。

施工队在瓦工方面不负责的行为有两种表现：一是太快，一是太慢。快是为了赶工期多出活。如果工人贴砖过快，多半会在施工质量上打折扣，如出现瓷砖空鼓、砖与砖之间不平、留缝不匀等问题；慢相对快来说要好点，但有的工人慢不是为了保证质量，而是因为新手上路，手太"潮"，在拿工程练手，还有的则可能是在耗工时。

木工工程

木工可以说是一项传统工艺，虽然现在木工在装修中的用武之地已不大，但它仍然是家居装修必不可少的项目之一。木工在装修中的施工项目包括做门、柜子、包门、窗套、做暖气罩、窗帘盒、安装实木地板（素板）等项目。

一、木工选材技巧

目前装修中木工活的材料主要是大芯板、饰面板和实木。实木由于易变形，加工难度大，对木工的技术要求高，故在装修中很少大量使用；饰面板主要用于修饰木器的表面；而大芯板则成了装修中木器制品的主要材料。

大芯板也称细木工板，是用长短不一的小木条拼合成芯板，两面粘贴一层或两层胶合板或其他饰面板，再经加压制成的。大芯板的板材质量不但关系到木器制品的使用寿命，同时由于其生产过程所用的胶水含有甲醛，甲醛含量是否合格关系到居室装修后的环保质量。

因此，装修时无论是施工方购买大芯板还是业主购买，都应注意大芯板的环保性。简单的鉴别方法就是用鼻子闻气味，注意一定要闻大芯板剖开后的气味，如果气味刺鼻则说明甲醛含量较高，环保的大芯板剖开后能闻到天然木材的香味。另外，要检查大芯板的芯板，优质大芯板的芯条排列均匀整齐，缝隙较小，没有腐朽、断裂、虫孔、节疤等。同时还应仔细查看大芯板的质检报告及使用说明，最好选用E0级的环保大芯板。

二、木工施工基本要点

首先，木工进场先要弹室内水平线，选用的木材必须是环保材料，外表用料不得有死节、虫眼和裂缝；花色面板进场后用清油刷一遍，防止被弄脏。

其次，应有制作图纸，图纸标注清晰准确。例如在做柜子时要有柜子的外形图，注明柜子内部构造图及尺寸，做门时应画好门的式样，如镶玻璃应标明预留玻璃位置的准确尺寸。各木制品的造型结构，各龙骨间距、位置应符合设计要求和安全要求。

第三，木器应用实木收边。一般正规的施工队伍都会要求使用实木木线对木器的边口进行封边，这样会使木器在使用中不怕碰撞，且使用年限较长；如果用饰面板收口，不但会经不起碰撞，还会发生开胶、开裂等现象。

最后，贴面板应用胶粘剂粘贴后再用钉子固定，钉子要使用气钉，密度不能过大。

三、门窗套、木门的施工注意事项及验收

（一）买门还是做门？

对于居室的门是"做"还是"买"，建议业主不妨从以下角度分析一下，再拿主意。

首先，考虑价格。装修公司对做门的价格一般都分成两部分，门扇和门套分开报价。一些人只盯着门扇的价格，而忘了加上门套、门框、门套线、油漆、工人施工等，这些都得花钱。往往，装修公司报价只有五六百元一扇的门，把以上各项加起来总价得有一千四五百元。

其次，从刷油漆的工艺而言，做的门会差一些；但在颜色和款式上，手工做门比买的门选择余地大一些。

第三，从装修的简单程度上讲，买门比做门方便一些，现在大多厂家都负责安装，因此选好门让对方上门测量，再约好安装时间即可，无需像做门那样要考虑选材、监工等问题。

最后，做门一定得对木工、油工的水平有把握，而市场上的成品门大多是流水线生产，工艺较成熟。另外，做的门质量好坏较直观，但有

时会出现变形问题，买的门则有看不见门内部用材而不敢保证质量的风险。当然，无论是买门还是做门，想要得到称心的装修效果，主要还得靠业主自己当好监工。

(二)木工施工要点

1. 门窗套基层用细木工板材下料，门窗套面板使用前必须挑选，将颜色相近的用在同一层面，色差较大的放在不起眼的地方。封板使用白乳胶、蚊钉固定，白乳胶应涂刷均匀足量。

2. 门扇收口条必须用实木条收口，框边线必须仔细挑选，保证门正面线条纹理、色彩均衡美观，边线安装前需打磨光滑。钉线条时必须将背面刨光校平后，再少量打胶使用直钉固定。

3. 门套线条转角接头要严密，线槽通畅，纹理、色泽变化不大；实木条与面板接缝严密，肉眼距门1米处应不见接缝；粘贴牢固，钉眼尽量钉在线条凹缝处。

4. 门套安装时基层应用干燥木料打木楔固定稳固，与墙体交结应严密，缝隙3~6毫米内，采用专用密封胶补缝，超过6毫米应先用9厘板基层满垫后再用密封胶补缝。最好离地5毫米，防止水浸或受潮。

5. 门窗安装时与地面(面层高度)距离5毫米，门扇左右、上口间隙1~2毫米，门扇与门档结合严密，不得有透光现象，缝隙±1毫米，门扇装好后，不得高于边线厚度。安装后应开关灵活。

6. 如安装双扇移动推拉门，两个门扇的交结边应有1厘米以上重合。暗藏式推拉门应在门扇装好且调试合格后方能封闭。

(三)木门窗验收

1. 门扇与门框之间的门缝宽度应为上缝、边缝1~2毫米，下缝3~5毫米。门扇的变形翘曲量在2毫米内，也就是说门扇关闭后，在门外看门扇与门档条，最好严丝合缝，但允许有2毫米的缝隙存在。另外，要注意所有门高度应一致。

2. 门套线的垂直度允许偏差2毫米，水平线允许偏差1毫米，门套衬板固定时，固定点间距不超过30厘米，且是两排走"之"字形。

3. 门如镶有磨砂玻璃，厨卫间磨砂面应向外。推拉门及折叠门应开启自如、轻松，不得有擦挂，横竖缝应均匀、严密。

CS 家博士提示：

如果是在市场上买门，应注意以下问题：

首先，一定要厂家负责测量，最好让厂家包安装，因为如果由装修工人装，如安装不到位，很难分清是门的问题还是安装问题。

另外，如果由厂家安装门，但让装修队按照标准尺寸做好门框：一般标准是高2.05米，宽0.8～0.9米。门装好后，一般门框到墙有1厘米左右的缝，这个缝要由瓦工补好，要提前与装修队打好招呼，否则瓦工退场后留下这个"尾巴"会耽误工期。

最后要注意，买门有一定的周期，应至少提前7～10天订货，否则安装不及时也会延误工期。

四、家具制作验收注意事项

虽然大部分业主在装修时选择购买成品家具，但也有一部分人青睐由木工现场制作家具。主要原因在于由木工制作家具，款式上可以模仿名牌家具，不但省钱，还能把好板材质量关。当然，如果选择由装修队的木工现场制作家具，一定得对木工、油工的技术水平相当有把握才行，否则做出来的家具不但省不了钱，质量款式上也会与自己的期望相差甚远。

（一）家具制作用材

既然是自己做家具，那材料上当然会把好关，不必担心买到偷工减料产品的后顾之忧。

一般而言，大衣柜、书柜、电视柜、鞋柜等体积较大的物件应用大芯板。家具的板与板之间连接缝隙不应大于1毫米。家具门框应用15毫米或12毫米板条组合，木条宽度不应小于60毫米，双面加饰板或3毫米板，内外面板材质应相同。家具门间距应小于3毫米。家具背板应采用9毫米板，9毫米板家具面应采用波音纸贴面或做二次油漆。靠墙家具的后背板内必须放置防潮布。采用细木工板的家具未贴面板的面上，应采用波音纸贴面。抽屉立板应采用12毫米板，底板应采用5毫米板。

（二）家具制作质量验收

首先，各种人造板部件封边处理应严密平直，无脱胶，无磕碰，表面光滑平整。家具的造型、结构、规格尺寸、用料、五金配件应符合设计要求，结合严密，粘接牢固，里外洁净，外部细光，内部砂光，木纹清晰，光滑美观。

其次，家具在油漆前外表面应光滑平整，无刨痕、逆纹，接缝严密无胶痕，用手触摸无毛刺，光滑一致。

另外，抽屉、柜门开闭灵活，回位正确，没有异声。固定的柜体接墙部一般应没有缝隙。抽屉抽出不夺头，柜门不走扇，柜门推拉流畅不晃荡，柜门上下左右分缝一致。

验收时应根据以上标准仔细观察，进行推拉、开闭检查。

五、窗帘盒的制作安装

窗帘盒是一种装修物件，用来挡住挂窗帘的钩环等有碍观瞻的东西。窗帘盒有凹进、突出、半突出等几种形式，长度分满墙或随窗户宽度成比例配套两种。

在进行吊顶和包窗套设计时，就应进行配套的窗帘盒设计，这样才能起到提高整体装饰效果的作用。根据顶部处理方式的不同，窗帘盒有两种：一种是房间有吊顶的，窗帘盒要放在吊顶内，在做吊顶时就一并完成；另一种是房间不吊顶，窗帘盒固定在墙上，与窗框套成为一个整体。无论哪一种，都要事先按照图纸找好位置，保证窗帘盒(杆)固定后要在正中间，而且水平不倾斜。

窗帘盒构造简单，施工比较容易，多用大芯板制作。如果表面用清油涂刷，要选用与窗套同材质的饰面板粘贴，饰面板粘在窗帘盒的外侧和底部。

为保证窗帘盒安装平整，两侧距窗洞口的长度要相等，安装前应先弹线。安装窗帘盒后，还要进行饰面板的粘贴工作。应对安装后的窗帘盒进行保护，防止其他工种对其污染。明窗帘盒一般先安装轨道，暗窗帘盒则后安装。

窗帘杆由于安装使用方便，目前也较受欢迎，不少人已摒弃窗帘盒而采用简洁的窗帘杆。这里要说明的是，窗帘杆本身有一定的装饰作用，如果再使用窗帘盒，就有点多此一举了。

油漆工程

装修中的油漆工作主要有两部分：内墙墙面和木器表面。油漆工是装修中的"面子工程"，工人工艺水平的高低，直接影响着居室表面的美观。装修业内人士认为"油工是木工的美容师"。木工做出的架子，只有经过油工的"粉饰"才能成为真正意义上的家具；木工如果未做到位，还能用油工来"修饰"。

一、装修中用到的油漆

1. 墙漆与木器漆

用于装修的内墙漆可分为水溶性漆和乳胶漆，目前家庭墙面装修多采用的是乳胶漆。

乳胶漆即是乳液性涂料，属于水性漆。乳胶漆的主要成分是树脂，使用时用水稀释，是一种施工方便、安全、耐水洗、透气性好的漆种，是非常适合墙面装饰的材料。它可根据不同的配色方案调配出不同的颜色。

木器漆指木门窗、家具等木质器材上所用的油漆，木器漆不仅能改变木材原有色彩，起到修饰器具的作用，它还可以防潮，延长木材的使用寿命。木器漆一般分为清漆和混油两种。

2. 油漆质量鉴别

乳胶漆：乳胶漆的质量好坏可从其气味、色泽、存在状态等方面判断，好的乳胶漆有芳香或酸香味，其胶水保护溶液干净透明，呈无色或微黄色，涂料本身无分层、结块或凝絮现象。

木器漆：判断木器漆的真伪，则可先看其包装外观，如制作粗糙，厂址、批号不全，多为劣质品；再摇动漆桶，听漆液在桶里晃动的声音或打开桶盖，看漆面有无明显分层，如晃起来像水响，漆面轻重分离，则产品多为劣质品。

二、墙漆的施工工艺

（一）墙漆施工的工艺流程

清扫基层→填补腻子，局部刮腻子，磨平→第一遍满刮腻子，磨平→第二遍满刮腻子，磨平→擦净表面粉尘→涂刷底漆→涂刷第一遍涂料→晾干→涂刷第二遍涂料→晾干交活。

（二）墙漆的施工前提

墙漆在施工前必须先进行基层处理，一是刮腻子批平墙面，二是防裂处理。基层处理是保证墙面质量的关键环节。

刮腻子：刮腻子时应先把墙面凹坑、麻面、空鼓处局部修补一遍，干燥后用砂纸磨平，然后满墙通刮第一遍腻子，专用刮板横向满刮，干燥以后用砂纸磨平磨光，并将墙面清扫干净，再满刮第二遍腻子，方法和第一遍腻子相同，干燥后再用细砂纸磨平磨光，但不得将腻子层磨透底。注意一定要等第一遍腻子干透以后才能用磨砂纸以及刮第二遍腻子。

腻子层做完之后要求达到表面平整光滑，与基层粘结牢固，无起皮、脱落、掉粉现象。

防裂处理：内保温墙和水泥板隔墙应满贴的确良布，以防止刷漆后大面积开裂，墙面在施工前已有裂纹的地方以及石膏板与板接缝处，应用小刀剔开表层，粘上牛皮纸带，干燥后再贴的确良布，进行双层防裂处理。

CS 家博士提示：

如果用石膏板做的隔断板需要刷漆，则刮腻子前，为了提高石膏板的耐水性能，可先在上面刷一遍石膏板专用防水涂料，如 YJ-4 防水涂料。

（三）墙漆的施工方法

乳胶漆涂刷的施工方法有手刷、滚涂和喷涂三种工艺。其中手刷和滚涂材料损耗少，施工方便，质量比较有保证，是家庭装修中使用较多的方法，但手刷的工期较长，所以多与滚涂相结合，大面积使用滚涂，边角部分使用手刷，这样既提高涂刷效率，又保证了涂刷质量。

手刷：即使用排笔，以先上后下的顺序依次涂刷墙面。涂刷时排笔蘸的涂料不能太多。第一遍乳胶漆应加水稀释后涂刷，第二遍涂刷时，应比第一遍少加水，以增加涂料的稠度，提高漆膜的遮盖力。具体加水量应根据不同品牌乳胶漆的稠度确定，按生产厂家提供的使用说明书来掌握兑水比例。

排笔应先用清水泡湿，清理脱落的笔毛后再使用。漆膜未干时，不要用手清理墙面上的排笔掉毛，应等干燥后用细砂纸打磨掉。无论涂刷几遍，最后一遍应按上下顺刷，接头部分要衔接好。排笔要理顺，刷纹不能太大。涂刷时应连续迅速操作，一次刷完，中间不得间歇。

滚涂：即使用滚筒进行涂饰。涂刷时先将搅拌好的涂料倒入平漆盘中一部分，供滚筒蘸用。先将涂料大致涂抹在墙上，然后按住滚筒上下左右平稳地来回滚动，使涂料均匀展开，最后用滚筒按一个方向满滚一次。接槎部位要用不蘸涂料的空滚筒滚压一遍，以免接槎部位露出明显痕迹。

喷涂：是利用压力或压缩空气，通过喷枪将涂料喷在墙上。喷漆一般用于大面积的施工或是喷涂形状复杂、很难用漆刷涂刷的物件部位等。

喷涂的好坏关键在于喷的遍数，遍数多，而且每遍喷的漆薄，效果就好。一次喷得太厚，油漆就容易流淌，也就是俗称的流挂(流坠)。喷枪应与喷涂面相距300～400毫米，喷时要不断地移动喷枪，不能对着一处。喷枪与喷涂面要保持平行并垂直于喷涂面，不可作弧形摆动，以免漆层喷得不匀。行与行间搭接处应重叠喷涂宽度的三分之一左右。

(四)墙漆的验收

墙漆的工艺验收要分两个步骤进行：

1. 基层验收。

即批墙、刮腻子的验收：验收标准为大面积墙体无明显的批刀、接缝的痕迹，墙面无开裂；墙体转角整齐、线条垂直无扭曲；窗台、门框等小地方，平整无刮缝；墙体允许有少量的砂眼，但不能有起皮、掉粉现象。

检查时应侧面对光检查墙体,看墙面有无明显凹凸面,对于墙面是否批平整,应用靠尺检查,验收标准是墙体不平误差不大于3毫米。

2. **墙漆完工验收**。

墙面漆验收应注意几个方面:检查漆膜,应无泛碱、褪色,更不能有开裂、剥落、起皮现象;可站在墙面四角,侧面对光检查,用手擦拭墙体,应无粉化、掉粉现象;在半米距离观测漆膜,应无明显刷痕、滚痕;检查整体墙体,应无少涂、漏涂、漏底、光泽不匀、局部色差、流挂等现象。

要特别注意的是:站在约1米远的距离观察墙体,应保证墙面无色差。如果是彩色涂料,要注意墙面的分色线偏差不超过2毫米。

(五)墙漆施工中的注意细节

1. 乳胶漆在施工前一定要搅拌均匀。配色时,要选择耐碱、耐晒的色浆掺入漆液,禁止用干的颜色粉掺入漆液。配完色浆的乳胶漆,至少要搅拌5分钟以上,使颜色搅匀后方可施工。乳胶漆是否加水,要严格按照厂家的产品说明执行。

2. 如果同时有油漆施工,应该在墙壁基层处理好以后,等油漆完工后,再涂刷乳胶漆,以免因油漆挥发出的甲苯将乳胶漆熏黄,造成不必要的损失。

3. 油工在喷涂乳胶漆时应做好其他成品的保护工作,如遮挡所有门窗、家具、开关插座、锁具和玻璃等一切不能粘上乳胶漆的物品。

4. 施工前应彻底打扫卫生,特别是一些砂粒、木屑和包装用的泡沫塑料颗粒,一定要清理干净,另外还要注意房间内不能有蚊虫之类,以免弄花墙面。

(六)从墙面现象判断施工质量

墙漆如果施工不规范,出现的问题会比较多。在施工期间,最好经常注意检查墙壁是否出现以下现象:

流挂:在墙面涂刷时,涂膜下流,有凸起。主要原因是一次涂刷得太厚,如果是喷涂,可能喷枪气压过大,喷嘴离墙面过近所致。应该注意稀释乳胶漆黏度,或者调整喷枪压力和距离。

针孔:涂膜干燥后,表面有小孔,或者是表皮脱落。主要原因是墙体表面有湿气、尘土、蜡渍、油渍等;表皮脱落还有可能是墙面已经粉化造成附着力不够。因此,一定要保持墙面清洁,不能有尘土杂物。一次涂得不能太厚，并且控制干燥温度的高低，发生粉化的墙面必须铲除干净。

橘皮现象：表面不平滑，有像橘皮一样凹凸的涂膜。主要原因是稀释剂蒸发太快，喷涂的压力不稳以及吹的距离太远所致。因此，注意稀释液的浓度很重要，控制喷枪压力，要等底层完全干燥后再涂。如果油漆出现裂缝，要用砂纸沾水打磨光滑，抹腻子刷底漆，并重新上漆。

暗淡无光：涂膜表面不像想像中的有光泽。通常因为没上底漆，或底漆没干就刷有光漆。有光漆质量不好或低温时涂漆也会出现这类问题。要用干湿两用砂纸磨掉旧漆，再用干净湿布擦净表面并干透后，重新返工。

刷痕：涂刷后，涂膜呈条状凹凸不平的现象。原因在于施工时黏度过高，底层未干。应将漆料调至适当黏度，再涂时，底膜需基本干燥，刷子用力不要过大。

剥离脱落：涂膜表皮成片掉下。产生原因可能是基材有蜡、油、水等，前次所涂未干又涂二次，墙面已粉化，附着力不够。应将基层彻底除干净，确保无蜡、油、水等杂物，已粉化的旧墙必须铲除干净，重刮腻子，完全干燥后再涂漆。

CS 家博士提示：

墙漆施工中一定要注意防止施工队的偷工减料。不良施工队常用手段有，一是减少墙漆的涂刷遍数；二是将乳胶漆多兑水，以节省用漆。涂刷遍数不够，漆黏稠度不够，其效果当然不会理想；三是以次充好，用低档墙漆代替高档环保墙漆，以减少费用，增加利润。

三、木器漆的施工工艺

木工刷漆工艺大致有清油和混油（即调和漆）两种。清油工艺是指，在木质纹路比较好的木材表面（比如胡桃木、樱桃木、枫木、水曲柳等）涂刷清漆，操作完成以后，仍可以清晰看到木质纹路，有一种自然感。混油工艺是指在对木材表面（比如3厘板、澳松板）进行必要的处理（如修补钉眼，打砂纸，刮腻子）以后，再涂刷有颜色的不透明的油漆。

（一）清油工艺

1. **工艺流程**：清理木器表面→磨砂纸打光→上润泊粉→打磨砂纸→

满刮第一遍腻子，砂纸磨光→满刮第二遍腻子，细砂纸磨光→涂刷油色→刷第一遍清漆→拼找颜色，复补腻子，细砂纸磨光→刷第二遍清漆，细砂纸磨光→刷第三遍清漆、磨光→水砂纸打磨退光，打蜡，擦亮。

清油工艺又分为两种：不上底漆和上底漆。不上底漆的清油，就是油漆工人在对木材表面完成处理以后，直接在木材表面涂刷清漆，这样的结果是，基本能反映出木材表面的纹路及原来的色彩，真实感比较强；但是，这样的工艺无法解决木材表面的色差变化，以及木材表面的节疤等木材本身的问题。

上底漆的清油工艺可以填平木料的表面，增加面漆的粘合度。底漆一般由树脂、填料、溶剂等组成。因为底漆里边有很多粉料，所以能提高油漆的厚度，看上去很饱满。在施工前，应让油漆工人做好油漆样板，业主可根据自己的喜好挑选颜色。在木材表面的底漆做好并且干透以后，再根据事先要求的涂刷遍数，涂刷面漆一直到完成整个工艺过程。

2. **施工要点**：在进行清油工艺时候，要求蘸次要多，但每次少蘸油，依照先上后下、先难后易、先左后右、先里后外的顺序和横刷竖顺的操作方法施工。油漆要经常搅拌，以防止沉淀产生色泽不均匀的现象。对于深色木材表面要进行漂白，对木材的浅色部分要染色，保证色调统一。涂刷时一定要准确迅速，否则易出现木料木纹模糊不清的现象。另外，使用的油漆刷的刷毛不能太硬或太软，避免重复涂刷，那样会造成一处颜色过深。

(二)混油工艺

1. **工艺流程**：清扫基层表面的灰尘，修补基层→用磨砂纸打平→节疤处打漆片→打底刮腻子→涂干性油→第一遍满刮腻子→磨光→涂刷底层涂料→底层涂料干硬→涂刷面层→复补腻子进行修补→磨光擦净→涂刷第二遍涂料→磨光→第三遍面漆→抛光打蜡。

混油工艺和清油工艺的区别只是在工艺上，长期以来一直并行使用，并没有时髦与落伍之分，而且事实上混油工艺对油漆工人的技术要求还是很高的。

混油可使用的油漆种类很多，以前常用的主要是醇酸调合漆或硝基调合漆，现在还有聚酯类漆、水性漆等等。漆的品种在不断增加，质量越来越好，施工的方便度也越来越高。但是因为混油工艺费时费力，因此，油工报价时，混油比清油要高一些。当然，也可以把清油、混油两种工艺搭配起来使用，效果会更好，成本的消耗也会低一些。

2. **施工要点**：基层处理时，除清理基层的杂物外，还应进行局部的腻子嵌补，打砂纸时应顺着木纹打磨。在涂刷面层前，应用漆片（虫胶漆）对有较大色差和木脂的节疤处进行封底。底子油干透后，满刮第一遍腻子，干后以手工砂纸打磨，然后补高强度腻子。涂刷面层油漆时，应先用细砂纸打磨。

（三）木器漆的验收

木器漆验收注意事项：无论清油、混油工艺，漆面都不能出现脱皮、漏刷、斑迹现象；调合漆（混油工艺）涂刷干燥后漆面无裂纹；色漆和清漆涂后表面不形成蜡烛般的流挂或刷子刷痕等；色漆和清漆表面无皱纹、针孔；漆面细腻光滑，无粗糙感或硬块；清漆涂刷后木纹应清晰、不浑浊，色泽光亮，不能有深一块浅一块的现象；另外还要注意油漆有无溅到门窗、玻璃、五金等物品上。

（四）木器漆常见的质量问题

如果工人施工技术不够，或施工过程中不按规范操作，则木器漆完工后经常会出现以下现象，在验收时应仔细检查：

1. **油漆起泡**：油漆起泡原因可能是木材开裂或受潮。如果是前者，要刮掉起泡漆皮，在开裂处涂上树脂填料再重新上漆。后者则要用热风喷枪除去漆皮，等木料自然干燥，刷底漆返工重做。

2. **漆面出现毛糙**：原因可能是漆刷不干净，或者是油漆滚有漆皮，再有就是油漆未干沾上了灰尘。首先要保证刷子和漆桶干净，漆好的表面要防止落土。如果漆面毛糙，要用干湿两用砂纸打磨光滑、擦净后，重新上漆。而旧漆在使用前，一定要过滤。如果漆面粘上小虫，趁油漆未干把它剔去，用刷子沾一点油轻轻修补。若油漆已变干，则要等漆膜变硬再擦掉小虫。

3. **油漆流挂**：油漆刷得太厚，就会造成流淌。如果油漆未干，用刷子把漆刷开；若是已经开始变干，则要等干透以后，用细砂纸把漆面打磨平滑，再用湿布擦净，重新上外层漆。

4. **油漆不干**：一般开窗通风，或用加热器增加室温即可，如果不行，则可能是上漆的基层表面油腻，可用化学除漆剂或擦净表面，返工重做。

CS 家博士提示：

木工在做木器时必须用气钉将其固定起来，密密麻麻的钉眼如果在油漆施工时没处理好，会显得非常难看。因此，在木器漆施工中一定要叮嘱油工处理好钉眼，验收时应以半米外看不到钉眼为宜。

地板铺装

相对石材和瓷砖的冷硬，铺装地板带给人们一种温暖的视觉与触感享受，使房间更温馨，更能体现家的味道，因此深受人们的喜爱。在如今的家庭装修中，大多数家庭将地板铺装于卧室、书房等私密性较强的房间，因此安装地板也成为装修中的一个重要项目。

一、地板家族介绍

铺装地板中常见的木质地板有三种，即实木地板、强化复合地板、实木复合地板。此外还有竹地板。

（一）实木地板

实木地板是以天然木材经烘干加工后形成的地板，有上漆和不上漆两种，即漆板与素板。漆板可直接安装；素板则要经过打磨、抛光、刷漆的过程。实木地板按照接口不同又分为企口和对口两种，企口漆板安装方便，是目前市场上最受欢迎的实木地板。实木地板脚感好，纹理自然，装修效果非常强，但硬度稍差且安装保养较为麻烦，价格也较高。

（二）强化复合地板

强化复合木地板是近几年来流行的地板材料。它是原木粉碎后，添加胶、防腐剂、添加剂后，在表面覆耐磨材料，经高温、高压处理而成的。复合地板的特点是强度高、耐磨、防腐、防蛀，安装和维护方便，但脚感稍差，因加工时需加胶，环保性能不如实木地板。

（三）实木复合地板

实木复合地板由不同树种的板材交错压制而成，分为三层实木复合地板、多层实木复合地板、新型实木复合地板三个种类。在居室装修中多使用三层实木复合地板。实木复合地板既有实木地板美观自然、脚感舒适、保温性能好的优点，又克服了实木地板单层容易起翘的不足，且安装简便，但表面耐磨性比强化地板差。

(四)竹地板

竹地板顾名思义是由竹子加工而成的地板。竹地板又分为全竹地板、竹木复合地板。全竹地板全部由竹材制成，竹木复合地板一般由竹材做面板，心板及底板则由木材或木材胶合板制成。按地板颜色可分为本色竹地板和炭化竹地板。

总体而言，竹地板具有色差小、防潮、不发霉、硬度大、冬暖夏凉等优点，是地板家族的后起之秀。

二、地板的选购与验收

实木地板：作为天然产品有轻微的色差与裂纹是无法避免的，但是优质地板色差很小，更不能有色变。优质地板的裂纹宽度应小于0.2毫米，长度小于20毫米。优质地板应做工精细，尺寸准确，角边平整，无高低落差，不论亮光或亚光淋漆地板，表面漆膜都应均匀、光洁，无漏漆、鼓泡、孔眼。

强化复合地板：强化复合地板有三个指标应重视，分别是甲醛含量、转数要求和吸水率。

甲醛含量：强化复合地板由于其生产工艺注定需要使用胶粘剂等化学物质，因此不可避免均会含有一定的甲醛。而大家都知道过量的甲醛对人体是有害的，因此国家规定合格的强化地板甲醛释放量不应高于1.5毫克/100克，选购时可要求商家出示质量检测报告；另外可用鼻子闻味道，如果能闻到刺鼻的气味，则说明甲醛含量超标。

转数要求：转数是指强化地板表面耐磨层的耐磨指数，家用强化地板要求耐磨转数必须达到6000转以上。选购时可用一张砂纸打磨样品表面，如果打磨不到一百下，表层就磨穿了，说明该地板耐磨指数不合格。

吸水率：强化复合地板的吸水膨胀系数越低越好，如吸水率过高则安装后容易出现起拱等现象。对于吸水率高低，简单的测试方法是取一块样品，放入水中浸泡半小时以上，看其膨胀程度，膨胀越少，吸水率越低。

另外选购强化地板还要注意板材厚薄大小是否相等，可随机取几块复合地板进行拼合，看拼缝是否高低不平、是否严密结实。

实木复合地板：首先看表面硬木层材料，一般产于东南亚和南美一带的原木质量比较高；其次就是结构，以多层纵横叠加的结构为好；再看厚度，如表层能达到0.4厘米的就为优质地板。

竹地板：优质竹地板表面无气泡、麻点、橘皮现象，强度高，可用指甲在漆面划两下，看有无划痕。粘结强度也是优质竹地板的判断因素，可用水蒸煮的方法测试，将一块竹地板放在开水中煮10分钟，如果没有出现开胶现象，则说明产品的粘结强度较大，可放心使用。

另外，铺装地板还有一些辅料不能忽视，包括龙骨、踢脚板、地垫、胶水等。踢脚板是用来保护墙根(角)不被碰坏的东西，高度以6厘米为宜。地垫是地板与地面之间的隔层，有防潮和平衡作用，有铝铂地垫、塑胶地垫、纸地垫等，地垫不是越厚越好，一般每平方米地板要配套使用1米踢脚板和1平方米地垫。

CS家博士提示：地板——最好谁卖谁铺

经常会看到这样的报道：某业主铺装的地板，出现严重的膨胀变形，装修公司说是地板不好，地板商说是安装不对，双方互相推诿，都不愿承担责任。

建议业主要掌握这样一个原则：对于一些安装项目，采取谁销售谁安装的做法。比如地板，因为存在"湿胀干缩"的现象，不同季节、不同材质地板的铺装要求是不同的，因此购买地板后，最好由地板销售商铺装，他们一般都有专业铺装队伍和规范要求，可以较好地把握，一旦出了问题，也便于处理解决。

三、地板的铺装工艺

(一)地板的铺装前提

铺设时间：地板的铺设从时间上说比较靠后。一般在顶棚、内墙面装修施工完毕，门窗、玻璃安好后，才进行木地板的铺装工作。

地面处理：铺设地板时，地面应干净、干燥、平整、牢固。干净指无浮土、无施工废弃物等；干燥指地面湿度要小于2%，看上去没有潮湿或渗漏的迹象；平整，指在2平方米范围内，地面高度差要小于0.5厘米；牢固指地面基层结实不松动。另外，安装现场不能有交叉施工的现象。

如果是用直接法和悬浮铺设法安装实木复合地板或竹地板，需要用水泥将地面重新找平，而强化复合地板则对地面的平整度要求相对来说不是太严格，一般不用重新找平地面。

边角处理：在墙面处理前即检查墙角，墙体转角线是否笔直。用卷尺量层高、用三角尺测量墙角直角的准确度及均匀度，如发现墙角不直，则在刮腻子时应矫正。否则影响踢脚板的安装效果。

热胀冷缩：地板应在安装前提前三至五天送到工地，以适应居室环境的温度和湿度。如果是地面采暖，在安装地板的前几天要将温度控制在18摄氏度左右，铺完三天后，再慢慢回温，但是，地表的最高温度也不可超过28摄氏度。

(二)地板的安装方法

直接铺设法：将地板直接粘接在地面上，地热地板安装多采用这种方法，适用地板种类为实木复合地板。

悬浮铺设法：与地面不连接，先铺设泡沫垫或胶合板，再安装地板，地板榫槽接口之间有用胶和不用胶之分。适用地板种类：强化地板，实木复合地板，各种企口实木地板。

毛地板垫底法：所谓毛地板就是小块的木板，安装中多用白松板或九厘板，大芯板不能做毛地板。安装地板时，不用龙骨，直接用毛地板垫底。适用地板种类：实木复合地板，实木地板。

龙骨铺设法：龙骨铺设法又称木搁栅法，是地板铺设的传统方法。龙骨一般有木龙骨、塑钢龙骨、金属龙骨三种。

1. 木龙骨：一般为不易变形的烘干木材，如杉木、松木等。在地面打眼，固定木龙骨，木龙骨上表面找平，将地板用钉固定在龙骨上。缺点是容易变形，造成地板发出响声。适用地板种类：实木地板，实木复合地板。

2. 塑料龙骨：使用效果与木龙骨一样。有链条式、轨道式两种。安装维修方便，不用在地面钻孔、打钉，不破坏楼体结构，不易产生木龙骨的虫蛀、腐朽等问题。缺点：专用性强，如地面不平起不了什么改善作用，且塑料制品时间长了会老化。适用地板种类：实木地板。

3. 铝合金龙骨：采用铝合金做龙骨，刚性强，能较好改善地面的不平整度；龙骨下面有海绵垫，脚感舒适。同样也不需要在地面钻孔，打钉，不破坏楼体结构。由于铝合金龙骨铺设平整、稳固，不易产生变形、松动、虫蛀、腐朽等问题，可以有效避免因龙骨变形发出响声。缺点：铝合金龙骨的成本高。适用地板种类：实木地板。

（三）地板安装的施工流程与标准

虽然地板的材质有实木、实木复合、强化与竹地板之分，但在安装方法上都可归为两种大的安装方式，即空铺与实铺，无论是哪种地板，只要其安装方法相同，则其施工标准也是相同的。

1. 空铺法

包括龙骨铺设法、垫毛地板龙骨铺设法。

木地板空铺法的操作程序为：基层清理→弹线→钻孔安装预埋件→地面防潮、防水处理→安装木龙骨→垫保温层→弹线、钉装毛地板→找平、刨平→钉木地板、找平、刨平→装踢脚板→刨光、打磨→油漆。

如直接采用龙骨铺设法，则可不用装毛地板，直接安装木地板。如果选购的实木地板为已经上漆的漆板，则也不需再打磨上漆，只需打蜡即可。

铺设龙骨：根据地板铺设方向和长度，算出龙骨铺设位置。每块地板至少搁在3条龙骨上，间距一般不大于350毫米。

木龙骨固定：若地面有找平层，采用电锤打眼的方法。一般电锤打入深度约25毫米以上。如果采用射钉透过木龙骨进入混凝土，其进入深度必须大于15毫米。当地面高度差过大时，应以垫木找平，先用射钉把垫木固定于混凝土基层，再用铁钉将木龙骨固定在垫木上。铺设后的木龙骨要进行全面的平直度和牢固性检查，检测合格后方可铺设地板。

地板铺设：地板面层铺设一般是错位铺设，从墙面一侧留出8毫米的缝隙后，铺设第一排木地板，地板凸角向外，以螺钉、铁钉把地板固定于木龙骨上，以后逐块排紧钉牢。每块地板凡接触木龙骨的部位，必须用气枪钉、螺钉或普通钉以45~60度角斜向钉入，钉子的长度不得短于25毫米。应每铺3~5块地板，拉一次平直线，检查地板是否平直，以便于及时调整。

2. 实铺法

相对龙骨铺设法而言，实铺法包括直接铺设、悬浮铺设、毛地板铺设等几种方法。

木地板实铺法的操作程序为：基层清理→弹线、找平→钻孔、安装预埋件→安装毛地板、找平、刨平→钉木地板、找平、刨平→钉踢脚板→清洁。

以上步骤根据各铺设方法而不同，如直接铺设法只需将地面找平，即可安装地板；悬浮法则是在地面找平后先铺设垫层后再安装地板。

基层面处理：基本要求见前面"地板的铺装前提"。需要强调的是，若在楼房底层或平房用此方法铺设实木地板，须作防水层处理。其方法有，表面涂防水涂料或铺农用薄膜。在用农用薄膜铺底时，采用二层铺设法。即在铺第一层时，膜与膜之间相应搭接20厘米，第二层铺在第一层薄膜上时，接缝处要错开，墙边要上翘5~6厘米但低于踢脚板。

垫层材料：泡沫垫与铺垫宝均可，对接铺设，接口塑封。如使用多层胶合板，则厚度选9~12毫米厚为宜。每块多层胶合板应等分裁小，面积应小于0.7平方米，最好用油漆防腐，然后用电锤、气钉固定在地面，四周必须钉牢固，板与板之间留3~6毫米缝隙，用胶带封口。

地板铺装：铺装地板的走向通常与房间行走方向一致或根据用户要求，自左向右或自右向左逐渐依次铺装，凹槽向墙，地板与墙之间放入木楔，留足伸缩缝(8~12毫米)。拉线检查所铺地板的平直度，安装时随铺随检查。在试铺时应观察板面高度差与缝隙，随时进行调整，检查合格后才能施胶安装。一般铺在边上的2~3排，用少量无水环保胶固定即可。其余中间部位完全靠榫槽啮合，不用施胶。最后一排地板要通过测量其宽度进行切割、施胶，用拉钩或螺旋顶住使之严密。

(四)地板安装注意事项

地板的铺设方向：通常地板长度排列方向按房间走向或顺着光线确定。可采用有规则或不规则两种方式进行铺设。有规则铺设：地板为同一长度规格，视觉上呈有规则排列，相对损耗较大。不规则铺设：适应已铺地板的安装，地板长短不受限制，损耗较小。

地板缝隙：根据不同材质及含水率，掌握合理的拼接间隙及四周的膨胀空间。一般用材拼缝应小于等于0.3毫米，门(包括门套)、墙角等地方要留出一定的空隙，以保证地板安装顺利和拆动的方便。一般门边缝隙为10毫米，墙角四周间隙约需8~12毫米。

实木地板的固定：固定地板须预钻孔，通常为45度入角钻在榫舌一侧，钻头直径略小于地板钉直径。地板端接处两侧需固定地板钉，且与地垅相衬。

实木地板防虫：实木地板时间长了，容易产生虫蚁，为此，除了选材外，在安装中，在地板下面放置一些防虫蚁药，是非常有效的预防办法。

地板胶：地板胶应有较好的防水性能和固化性能，即使是锁扣地板也最好上胶，这样能保证比普通地板更牢固。

另外，若地面下有水管或地面采暖等设施，千万不能打眼，可采用悬浮铺设法。如果一定要采用龙骨铺设，可改用塑钢、铝合金龙骨等新型龙骨，或改用胶粘剂粘接短木龙骨。

四、地板安装完工验收

木地板铺装质量要求为：面层刨光磨平，无明显刨痕、毛刺，图案清晰；地板铺装方向正确，拼缝处缝隙严密，接头位置错开，表面洁净；清油面层颜色均匀一致，表面平整，无翘鼓；与踢脚板接缝紧密，走在上面无空鼓响声。

踢脚板铺设接缝严密，表面光滑，高度及出墙厚度一致。用2米靠尺检查，与地面平整度误差小于1毫米，缝隙宽度小于0.5毫米，踢脚板上口平直度误差小于3毫米，拼缝平直度误差小于2毫米。

五、地板安装后易出现的问题

地板如在安装时处理不到位，则铺装后容易出现下列问题：

虫蛀：这是实木地板的常见问题。实木地板最怕的就是长虫子，地板表面常能看到一堆一堆的粉末。防止虫蛀应注意两个方面：一是在选购时细心一些，有虫眼或树皮的材质一律不用；二是安装时放置一些防虫药，做好预防。

裂缝：实木地板铺设后多少都有缝隙，一般以能插进一张名片为限度。如果裂缝较大，则说明实木地板含水率不合格，收缩较大。而强化复合地板缝隙过大，说明胶合强度不好，安装时没有槌紧缝隙。安装时应尽量槌紧缝隙。要注意的是地板安装完后最好不要马上在上面走动。

响声：走动时地板发出嘎吱的响声。如果是采用龙骨铺设法的实地板，则和龙骨的间距及龙骨与地面、地板的结合是否牢固有关系。安装时要防止龙骨间距太大或者含水率过高，否则干燥后一收缩就会因为压力不均而发出响动。而如果是强化复合地板，则可能是因为地面不平，地板下有空隙，因此在地板安装前一定要检查地面的平整度。

起鼓：起鼓一般是因为受潮，膨胀度大，或伸缩缝未留够而出现。要避免这种现象，除了保证地板不进水，土木工程结束时不能立即铺设地板外，还要注意墙边所留的伸缩缝大小。

CS家博士提示：实木地板的保养

实木地板每月要打一次蜡，打蜡前要将水汽和污渍擦干净，复合地板则不需要打蜡。

木地板清洁时不要用过湿的拖布，要注意避免地板局部长期浸水。如果室内气候干燥，可以用加湿器增加湿度。

如果地板有了油渍和污渍，要及时清除，可以用家用柔和中性清洁剂加温水进行处理，最好采用与地板配套的专用地板清洁保护液清洗。不要用碱水、肥皂水等腐蚀性液体接触地板表层，更不要用汽油等易燃物品和其他高温液体来擦拭地板。

其他安装项目

一、厨房安装注意事项

验货：橱柜安装前应仔细检查厂方运来的材料、配件上的商标及其颜色、尺寸、材质等是否与合同要求相符。另外，要闻柜体，有无刺鼻异味，注意环保把关。

安装：橱柜安装要注意灶台高度。厨房是烹任的场所，为减轻劳动强度，需要运用人体工学原理，合理布局。厨房燃气灶台的高度，以距地面80厘米为宜。如果个子较矮，橱柜设计时就要比标准尺寸矮10厘米左右。

吊柜的安装应使用专用吊码，一是稳固性好，二是方便今后拆卸。底柜安装应先调整水平旋钮，保证各柜体台面、面板均在一个水平面上，两柜连接使用木螺钉，后背板通水(气)管线、水表、燃气阀门等应在橱柜背板开好孔，开孔位置应方便开启与检修。

洗物柜安装时底板下水孔处要加塑料圆垫，下水管连接处应保证不漏水、不渗水，不能使用各类胶粘剂连接接口部分。不锈钢水槽与台面连接缝隙均匀，用防霉密封胶密闭，保证不渗水。水龙头安装应牢固，给水连接不能出现渗水现象。

抽油烟机的安装，注意吊柜与抽油烟机罩的尺寸配合，应达到协调统一。抽油烟机高度与灶台的距离不宜超过60厘米。

安装灶台，不得出现漏气现象，安装后用肥皂沫检验是否安装完好。灶台与台面之间的缝隙不要用密封胶封闭。

台面、橱柜与瓷砖结合的部位要打玻璃胶封闭，安装工人会带玻璃胶过来打。如果不放心质量(实际他们用的玻璃胶的质量也的确不敢保证），最好自己买专用的厨卫防霉玻璃胶让工人打上。

安装密封式踢脚板前应将橱柜下方打扫干净，否则垃圾就永远被封在橱柜下了。

安装验收：看橱柜台面安装是否平整，安装完后最后用湿布擦干净，仔细检查一下台面上有无明显缝隙、划痕、污渍、接缝。另外台面搭在下柜上的，下面最好用木工板条支撑。

打开门板看封边是否光滑、完整，有无缺损、不平、起鼓现象。对于有煤气管道、水管等需要开槽的侧面板、背板处，好的橱柜公司会对开槽部分用封边条密封，防止万一有水浸入，导致板材和柜体变形。

开合门板、抽屉，看是否顺畅，五金件是否齐全，有无固定过紧或过松现象；如果有定位功能的合页或气压支撑，检查定位是否正常；轨道、合页有无安装高低不平现象；所有五金件应该无生锈，符合原来约定的材质要求，不好的让工人立刻更换或调整。

二、卫浴间的安装项目

1. 洗脸盆

洗脸盆与排水管连接应牢固密实，且便于拆卸，连接处不得敞口。洗涤盆与墙面接触部位应用硅膏嵌缝。如洗脸盆下水管和水龙头是镀铬产品，在安装时不得损坏镀层。龙头和台盆要配套，否则有可能装不上。盆上有台板时要注意龙头嘴长度，否则使用起来非常不便。龙头安装后一定要开启几次，注意有无漏水现象，并用手稍用力摇晃，看是否安装牢固。

2. 浴盆

浴盆冷、热水龙头或混合龙头高度应高出浴盆上平面15厘米。安装时应不损坏镀铬层。镀铬罩与墙面应紧贴。浴盆安装的上平面应用水平尺校验平整，不能侧斜。浴盆排水与排水管连接应牢固密实，且便于拆卸，连接处不得敞口。

3. 坐便器

给水管安装角阀其高度一般距地面25厘米。如安装连体坐便器应根据坐便器进水口离地高度而定，但不小于10厘米。给水管角阀中心一般在污水管中心左侧15厘米或根据坐便器实际尺寸定位。带水箱及连体坐便器，其水箱后背部离墙应不大于20毫米。

坐便器安装不要用螺栓固定，以免破坏防水层。安装时应在底部排水口垫上法兰，然后将坐便器排出口对准污水管口慢慢地往下压挤密实填平整，在底座周边用防霉密封胶密封即可，注意一定要选择防霉的密封胶，否则长出的霉点非常难清理。

4. 镜子与玻璃

玻璃安装应牢固端正、边角处不得有尖口、毛刺，表面应洁净，不得有污迹。镜子安装基面应平整，其平整度误差应不大于3毫米。选购镜子前一定要根据镜前灯的高度考虑镜子大小，否则镜子买小了，离镜前灯一大截会显得非常难看。

5. 五金挂件

卫浴间中的五金挂件如毛巾杆，玻璃架，香皂盒，漱口杯等，安装时一定要事先设计好高度，否则安装完后不但影响美观，使用起来也不方便。安装时最好不要在砖缝间打孔，另外要注意保护各种金属件的镀铬层，小心刮蹭。

6. 排水管

卫生间连接面盆的排水管应用弯管。如果选用直形的下水管道，安上这种管道后，一开始没什么感觉，但时间一长就会发现下水口有难闻的气味。而安装弯管，流向下水管道的水会在弯管的最低处存留一些，正好隔断下水管道与房屋间的空气流通，臭气自然就出不来了。

三、开关插座和灯具的安装

安装时间： 在墙面刷涂料或贴墙纸的工作完成后，再进行灯具的安装及开关插座面板的安装工作，这样可以避免油漆工人弄脏或弄坏灯具、开关面板。

安装注意事项： 灯具的安装时间可以安排在地板安装前，以免工人的工具蹭坏地板；如果在地板安装后安装灯具，应在地板表面加垫纸板。

灯具安装最基本的要求是必须牢固。室内安装壁灯、床头灯、台灯、落地灯、镜前灯等灯具时，高度低于2.4米及以下的，最好在灯盒处加一根接地导线。

装修吊顶安装各类灯具时，应按灯具安装说明的要求进行安装。灯具重量大于 3 千克时，应采用预埋吊钩或从屋顶用膨胀螺栓直接固定支吊架安装，不能将灯具直接安装在吊顶的龙骨上。从灯头箱盒引出的导线应用软管保护至灯位，防止导线裸露在平顶内。

四、木器五金件的安装

木器五金件的安装需要注意两个方面：五金件的安装时间不能安排过早，既要考虑油漆工人的施工方便，安装时又要注意不能破坏油漆工人已经完成的施工。

正确的施工顺序应这样安排：对于需要钻孔的五金件，在油漆工施工之前，或主要工序进行之前完成。如门锁、拉手，在油漆前开好锁孔，钻孔，油漆完成后再安装上去，这样既不用担心破坏油漆又不怕弄花锁具。

门锁安装：锁具的中心位置离地面高度最好在 90~100 厘米之间，锁孔位置要正确，锁舌与门扇，锁扣与门框之间的缝隙应严密，安装牢固，开启自如。锁安装好后，必须包扎保护（最好不要用美纹纸，否则上面遗留的胶很难清除），以防污染。最好使用开孔器在门扇上开锁孔，不得手工开孔。

门合页的安装：应双面挖槽即门框与门扇上同时开槽，挖槽的位置大小要合适，允许有 1 毫米的误差，不能靠调整合页去调整门缝的宽窄。

CS 家博士提示：

安装工作在装修的最后阶段，但不可掉以轻心，应考虑好各种安装细节，把住最后关口。

"给自己一个环保的家"——室内空气检测及补救措施

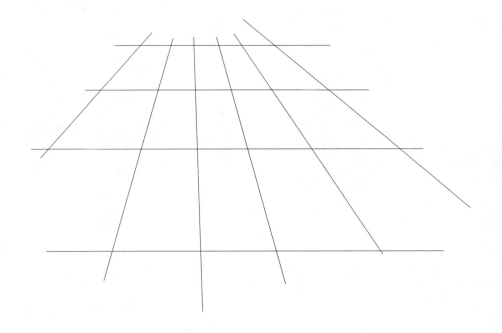

"防患于未然"——室内空气质量检测

装修大功告成！经过几十天的忙碌之后，业主们大概都有如释重负的感觉，急不可待地要搬进新房吧？这里要提醒各位业主，其实，不用着急，在搬进新家之前，最好还是先检测一下室内空气质量，以确保家人身心健康。在这一章里，我们就来了解一下室内空气检测方法和一些消除装修污染的办法。

一、室内空气污染知多少

1997年，北京某公寓一个业主搬入新居后，发现室内刺激性气味严重，经检测，室内空气中氨气、甲醛严重超标。在多次向房地产公司提出退房遭到拒绝后，业主向北京市崇文区人民法院提出诉讼，此案成为我国因室内空气污染引起诉讼的第一个案例。

中国有句俗话："人在家中坐，祸从天上来。"本来，在我们心目中，居室通常是个安全的地方，但近年来，人们渐渐发现室内空气也变得"不干净"了。很多研究证实：室内空气中污染物的浓度高于室外，多种污染物的浓度是室外空气的2~5倍，个别情况甚至可高达几十上百倍。

（一）不容乐观的室内空气质量

在一个由权威室内空气检测机构在北京、济南等七大城市发起的一项室内空气检测活动中发现：被检测的400户家庭，有278户室内空气甲醛含量超标。其中，装修在一年以上的家庭超标2~5倍，装修在一年以内的家庭超标5~8倍。令人心惊的是，一些装修污染严重的家庭，甲醛含量超标竟然达到国家标准的50倍以上。

在空气污染这么严重的室内生活，人怎么能健康呢？中国标准化协会提供的调查结果显示，68%的疾病是由于室内空气污染造成的；另据中国室内装饰协会环境监测中心发布的信息：中国每年由室内空气污染引起的死亡人数已达十几万人。对于儿童、孕妇、老人和慢性病人，室内空气污染更是看不见的"杀手"。北京市儿童医院2001年接诊的白血病儿童中，大多数患者的家庭在半年内曾经装修过。据医学专家推测，装修造成的室内环境污染，是近年来儿童白血病患者明显增加的一个重要诱因。

触目惊心的数据让我们认识到：目前，我国的室内空气质量令人堪忧。空气污染的敌人就在我们身边，为了我们家庭的幸福美满，为了我们的下一代，大家要十分关注室内空气质量，装修后必须先对室内空气进行检测，确保自己新装修的家环保安全。要知道，家本来就应该是一个放"心"的地方，最值得我们花费心血去爱护和经营它。

(二)污染元凶在哪里？

据环境检测专家检测分析，室内空气污染物的来源有：建筑及室内装饰材料，室外污染物，燃烧产物，人本身的活动，等等。有事实证明，室内装饰材料及家具的污染是造成室内空气污染的主要方面。装修装饰材料污染来源大体分为以下四种：

1. 人造板材及人造板家具，它们常含甲醛、TVOC(即总挥发性有机物)。
2. 涂料、油漆，它们常含甲醛、苯、TVOC等。
3. 壁纸和地毯，它们常含甲醛。
4. 装饰石材，它们一般都含放射性物质氡。

其中，油漆、胶合板、刨花板、泡沫填料、内墙涂料、塑料贴面等材料中含总挥发性有机化合物(TVOC)高达300多种。此外，装饰装潢还有可能引发其他有害化学物质超标，如二氧化硫、二氧化氮、一氧化碳、二氧化碳、氨、臭氧、甲苯、二甲苯、苯并芘和可吸入颗粒物等。

(三)危害有哪些？

1. 甲醛的危害

甲醛是一种无色易溶的刺激性气体，可经呼吸道吸入。甲醛主要存在于胶合板、细木工板、中密度纤维板和刨花板等人造板材及其他装饰材料中，如贴壁布、壁纸、化纤地毯、泡沫塑料、油漆和涂料等。现代科学研究表明，长期接触甲醛可引起慢性呼吸道疾病、女性月经紊乱、妊娠综合症，新生儿体质降低、染色体异常等。此外，甲醛还有致畸形、致癌作用，据流行病学调查，长期接触甲醛的人，可引起鼻腔、口腔、鼻咽、咽喉、皮肤和消化道的癌症。

中华人民共和国国家标准《居室空气中甲醛的卫生标准》规定：室内空气中甲醛的最高允许浓度为0.08毫克/立方米；《国家环境标志产品技术要求——人造木质板材》规定：人造板材中甲醛释放量应小于0.20毫克/立方米；木地板中甲醛释放量应小于0.12毫克/立方米。

甲醛的刺激性气味较重，一般比较容易察觉，一旦发现有甲醛污染迹象，可请空气检测部门进行检测。

2. **苯的危害**

苯是一种无色液体，具有特殊芳香气味，易挥发。它主要存在于油漆、胶粘剂、防水材料及各种油漆涂料的添加剂和稀释剂。苯被称为"装修中的芳香杀手"，对人体危害很大。对皮肤、眼睛和上呼吸道有刺激作用。室内浓度超过2.4毫克/立方米时，皮肤可因脱脂而变干燥，脱屑，有的出现过敏性湿疹。长期吸入苯，会导致再生障碍性贫血。严重时可使骨髓造血机能发生障碍，甚至引起白血病。育龄妇女长期吸入苯还会导致月经异常，主要表现为月经过多或经期紊乱，自然流产率高；严重的可导致胎儿的先天性缺陷。

3. **TVOC的危害**

TVOC即总挥发性有机物，是常温下能够挥发成气体的各种有机化合物的统称，包括烷、芳烃、烯、卤、酯、醛等，主要存在于油漆乳胶以及各种内墙涂料。它容易引发咽喉炎、眼睛膜充血、肺水肿、皮肤炎症等多种疾病。

此外，装修中含有的其他化学性物质如乙醛、丙烯醛、萘等，会刺激人的呼吸道黏膜，引发不适。

CS家博士提示：注意氡的危害

氡是一种放射性气体，无色、无味，被世界卫生组织列为19种主要环境致癌物质之一。室内环境的氡一般主要来自石材，如花岗石、大理石、砂岩、玄武岩和建筑用砂、陶瓷砖、洁具、水泥和混凝土等，其中尤以偏高铀的花岗石、砂岩和陶瓷砖的放射性为最高。室内氡气污染具有长期性、隐蔽性和危害大、不易彻底消除等特点，因而家庭装修不适宜过多使用石材。如果装修过程中使用过石材，在入住前最好先测一测室内空气中氡的浓度。

（四）装修污染症状有哪些？

空气看不见摸不着，但空气污染是有先兆的。根据中国室内环境监测中心公布，目前室内环境污染主要有十种症状，一旦发现类似情况，就应尽快对居室内空气进行检测，以消除隐患。十种症状分别表现为：

1. 房间内有刺鼻、刺眼等刺激性气味，且长时间不散。
2. 起床综合症：清晨起床时感到恶心憋闷、甚至头晕目眩。
3. 经常感冒，长期精神、食欲不振。
4. 类烟民综合症：不吸烟，也很少接触吸烟环境，却经常感到嗓子不舒服、有异物感、呼吸不畅。
5. 幼童综合症：家里小孩经常咳嗽、打喷嚏，免疫力下降。
6. 群发性皮肤综合症：家庭成员常有群发性的皮肤过敏现象，离开这个环境后，症状就有明显变化和好转。
7. 不孕综合症：新婚夫妇长期不孕，又查不出原因。
8. 胎儿畸形综合症：孕妇在正常怀孕情况下发现胎儿畸形。
9. 植物枯萎综合症：新搬家或者新装修后，室内植物不易成活，叶子容易发黄、枯萎，即使是一些生命力很强的植物也难以正常生长。
10. 宠物死亡综合症：搬新家后，家养宠物，如猫、狗、热带鱼等莫名其妙死亡。

二、"家装体检"不可少——室内空气质量检测

在装修过程中，即使在之前的材料采购、施工验收等阶段，业主都注重环保，严格把关，也并不能完全保证装修出来的居室绝对安全，没有一点儿污染。俗话说"不怕一万，就怕万一"。业主万不可捡了芝麻丢了西瓜，为了区区几百元检测费，而忽略了家人的身心健康，在搬家之前，业主必须先给新家来个"大体检"，看看它在环保方面是否合格。

(一)空气检测常识早知道

既然室内空气质量检测是必须的,那么业主就要好好了解一下室内空气检测到底是怎么回事,以便心中有数。

第一,检测项目。一般来讲,不同的装修材料要选择不同的检测方式和检测项目。若大量使用了人造板材料,就必须要检测一下甲醛含量;有油漆涂刷则要检测苯的浓度;油烟多的房间如厨房则需要检测TVOC一项;氡是一种放射性物质,主要存在于石材、水泥添加剂中,选择较多天然石材装修的房间,最好测一下氡的浓度。目前因装修引发的污染中,主要是苯、甲醛、TVOC这三项超标比较严重,氡的超标情况相对较少,所以多数业主主要选择检测甲醛等三项。当然,若经济条件允许,最好把甲醛、苯、氨气、TVOC、氡五项全都检测一下。

第二,检测程序。室内空气检测的程序比较简单,找一家正规的室内空气质量检测机构,通过委托、预约、交检测费用、现场检测等程序,即可获得空气检测报告。

业主应注意的是:检测装修室内空气质量的最佳时机是在装修完工7天后、家具进场前,否则一旦出现空气质量问题,不容易分清是装修公司的责任还是家具厂的责任。若是居住一段时间后出现室内空气污染症状的话,检测之前,要将被检测居室家具腾空,并关闭门窗12小时。

第三,检测费用。现行的做法是:检测费用根据具体的检测点来收费,一般50平方米设立1~3个检测点,每点收费200~300元。以100平方米的房子为例,五项都检测的话,费用在1000元左右。

(二)空气检测机构慎选择

检测室内环境质量是一项技术性很高的工作,如果检测人员技术水平不高、检测仪器不适用、检测方法不正确,都会造成检测结果的较大偏差。所以业主在选择检测机构时,不要只关注检测费用的高低,更要关注检测机构的资质水平,其中如何识别室内空气检测单位所出示的质检报告的权威性就成了关键。

承担社会委托检测及以室内空气质量检测名义从事检测的专业检测机构,应具备《室内空气质量标准GB/T18883》全部19个参数的检测能力,经计量认证考核合格(即CMA认证)。在委托检测机构进行检测时,业主首先要求检测机构出示CMA认证(China Metrology Accreditation的缩写)并仔细查验,要注意以下相关内容:

一看有效期。必须看清该机构的 CMA 证是否在有效期内。

二看批准检测的项目。一般气体为五项（甲醛、苯、总挥发性有机化合物 TVOC、氡、氨），若对方提供的 CMA 上未注明检测项目，则属违规。

三看引用标准。一般采用的标准是国家卫生部颁发的《室内空气质量标准 GB/T18883－2002》。

CS 家博士提示：检测空气莫贪小便宜

室内空气检测费用一般在 800~1000 元左右。但市场上有些空气检测公司打出的价格较低，这时业主就要小心了，因为这种检测公司很可能是非正规检测机构。它们一般都没有通过计量认证（即 CMA 认证），在检测设备的精确性、检测人员的专业性、检测方法的准确性和检测数据权威性方面都存在很大的问题，这样的检测机构开出来的检测报告没有 CMA 认证，或加盖假的 CMA 认证，因而不具备法律效力。建议业主一定要找正规的检测机构检测空气质量。

"拿什么拯救你，我的家"
——如何消除装修污染

人的一生中绝大部分时间是在室内度过的，除大气污染和人的生活因素外，室内装修所引起的化学性污染最为突出。业主在装修完成后，还需要好好把住自己家的"空气关"，否则家是漂亮了，但不一定"健康"哦。这里就针对不同程度的室内空气污染，向业主介绍一些消除空气污染的方法和小窍门。

一、"釜底抽薪，消除污染源"——治理装修重度污染

目前，装修是一股大潮，装修污染也随之引起了人们的关注，报纸、网络上这方面的案例层出不穷。一般，这种污染都是属于重度污染，对人体危害十分严重。遇到这种情况，最直接的办法就是釜底抽薪，消除污染源。具体操作办法如下：

（一）检测空气，找出污染源

装修完毕，一定要先请专业的室内空气检测机构对居室进行一次室内空气检测，看有无化学物质超标，像甲醛、苯等。如果超标，就要看一下是哪方面出了问题，是装修材料的问题，还是装修工艺出了问题，或者是购买的家具存在问题。

（二）消除污染源，追究赔偿责任

一旦查出是装修材料的问题，如油漆里含的甲醛超标，业主可根据合同里签订的环保违约方面的条款，追究装修公司的责任，要求其返工、赔偿损失；如果是购买的家具有问题，业主则要与生产厂家、商家

交涉，根据厂家保修协定，要求退货，追赔损失。

(三)后期处理

返工结束，检验合格后，业主还需要开窗通风一段时间再入住。业主还可以种些花草以净化空气。

二、利用科技产品治理装修中轻度污染

目前，科学技术越来越发达，各种各样的室内空气处理仪器层出不穷。如果装修后还是有一定程度的污染的话，除了消除污染源(装饰材料或家具)，人们还可以借用空气处理仪器来吸收分解有毒有害的物质，达到净化空气的目的。

1. **空气处理臭氧机**。利用臭氧的侵略性和掠夺性击破甲醛的分子式，使之变成二氧化碳和水，从而分解甲醛。

2. **空气净化机**。采用电子分离技术，通过电离空气中的水分子，源源不断释放出负离子，能有效清除各种异味，中和空气中的灰尘微粒，使之迅速沉降。还可分解多种装修污染物质，如甲醛、苯、TVOC 等，有利于消除室内空气污染。

3. **"空气清"**。以二氧化钛为主要成分，利用速干水性粘合剂，干燥后变成非水溶性的液体材料。二氧化钛遇到紫外线具有分解有机物的性质，是一种能脱臭、抗污染的催化剂，有阳光便能起作用，在电光源的照射下可分解、氧化苯、甲醛、氨等有害气体，降低 TVOC 浓度，并可消除各种异味。

4. **空气净化宝(喷雾器)**。利用超声波净化空气，可将水状气与空气中的异(臭)味分子中和，变成无味的微颗粒降落地面。喷出的雾能快速有效地消除室内空气中散发的三苯气体、氨类气体和其他有害气体。

CS家博士提示：要购买正规品牌的空气净化产品

目前市场上出现了大量宣称"可以消除室内污染"的空气净化装置，其实目前还没有一种空气净化装置可以去除所有污染物，它们只是在一定程度上缓解污染，并不能根除污染。因此面对这类产品，业主应先搞清楚自己需要清除哪一类污染物然后再做决定，谨慎选择、鉴别相关合格产品，否则不但消除不了污染物，反而会因为净化设备的化学物质造

成二次污染。比较安全的办法是到正规超市、大型商场去购买信誉较好、有质量保证的品牌产品。

三、屋内摆盆"吸毒"花——调节装修后的居室空气

眼下，很多人喜欢在家中摆盆鲜花，一方面为了装饰点缀居室，同时还可以享用鲜花的各种实用功能。在室内空气污染如此严重的今日，一些花卉的确成了"吸毒"能手，人们便利用花卉的一些特性调节室内空气质量。

刚刚装修完的新房，总会有一些或浓或淡的异味。如何清除异味，方法很多，最好的方法是让房间通风。同时可有选择地给新居摆放一些植物，既可装饰家居又能吸收装修材料和家具释放的有毒气体，净化空气，可谓"一举两得"。下面就介绍一些花卉植物的治污功能。

1. 有吸收甲醛作用的植物，如吊兰、芦荟、龙舌兰、鸭跖草、虎尾兰等。

据了解，有一种吊兰，也称"折别鹤"，不但美观，而且吸附有毒气体效果特别好。一盆吊兰在8～10平方米的房间就相当于一个小型空气净化器，能吸收室内的二氧化碳、二氧化硫、甲醛等有毒有害气体，减少、消除空气中的化学污染，抵抗微生物的侵害。即使未经装修的房间，养一盆吊兰对人的健康也很有利。芦荟除了吸收甲醛，还有一定的吸收异味作用，还可美化居室。

2. 具有吸收苯作用的植物有长青藤、铁树、天南星等。

3. 具有吸收三氯乙烯作用的植物有万年青、雏菊、龙舌兰和天南星等。

4. 具有吸收二氧化硫作用的植物有月季、玫瑰和石竹等。石竹是多年生草本植物，俗语有云："草石竹铁肚量，能把毒气打扫光"，石竹吸收二氧化硫和氯化物的本领十分高强；月季、蔷薇除了吸收二氧化硫外，还可吸收硫化氢、氟化氢、苯酚、乙醚等有害气体。

此外，蔷薇、龟背竹可吸收80%以上的有害气体；杜鹃花可吸收放射性物质。如果在居室中放盆石榴花，则既能观花又能观果，还能降低空气中的含铅量。还有一些花卉不但能够消除室内空气污染，还有抑制

病菌、预防疾病的功效。像桂花可以吸尘，天竺葵和柠檬含有挥发油类，有显著的杀菌作用，非常适合家庭盆栽。

四、改善室内空气质量的"小窍门"

污染不是一天造成的，同样，治理污染也不是朝夕可成的事情。为防治室内空气污染，在日常生活中，就要保持良好的生活习惯。以下就讲一些减少室内空气污染的小窍门。

1. 新装修的居室最好在3个月后再入住。晾晒期间注意通风，多开窗，让室内外空气多流通，这是解决空气污染问题非常有效措施。另外每天保持居室日照2小时，阳光可以杀灭室内空气中的致病微生物，提高人体免疫力。

2. 除油漆味。新刷油漆的墙壁或家具经常有或多或少的油漆味，业主可以在地板上放置两盆冷盐水，可以消除油漆味。也可以用淘米水擦试新油漆的家具，连擦四五次，就可把油漆味去除掉。

3. 除卫浴间臭味。卫浴间使用一段时间后会有些微难闻的气味，特别是有的防臭地漏质量欠佳，气味更加难闻。业主可将一盒清凉油打开盖，放卫浴间角落处，可以消除臭味，一盒清凉油可用2~3个月。

4. 除厨房异味。厨房用过一段时间后，可能会有些异味，消除方法是将桔子皮放在火上烤，或在锅内放少许食醋，点火使其蒸发。

5. 摆放炭雕工艺品。炭雕工艺品独特的吸附能力能够有效清除室内空气中的有害气体、烟雾和异味，特别是对家居装修时产生的甲醛、苯、氨、氡、二氧化硫等有毒气体，有较强的吸附作用，达到有效、持续净化空气的目的，同时还有美化居室的功能。

室内空气检测依据和检测机构

一、室内空气检测依据

所谓"没有规矩，不成方圆"，室内空气检测同样需要一个科学的标准作为尺度。目前，国内关于室内空气检测的依据主要有《民用建筑工程室内环境污染控制规范》GB50325 和《室内空气质量标准》GB/T18883-2002 两个标准。其中，国家标准《室内空气质量标准》是当今家庭装修室内空气检测的推荐性标准，各大室内空气检测机构检测空气时，主要依据的也是这个标准。现将该标准主要内容节录如下：

中华人民共和国国家标准

室内空气质量标准 Indoor Air Quality Standard

（GB/T 18883-2002 2003 年 03 月 01 日实施）

本标准由卫生部、国家环境保护总局《室内空气质量标准》联合起草小组起草。

本标准于 2002 年 11 月 19 日由国家质量监督检验检疫总局、卫生部、国家环境保护总局批准。

本标准由国家质量监督检验检疫总局提出。

本标准由国家环境保护总局和卫生部负责解释。

1. 范围

本标准规定了室内空气质量参数及检验方法。

本标准适用于住宅和办公建筑物，其他室内环境可参照本标准执行。

2. 基本概念

室内空气选题参数(Indoor Air Quality Parameter)，指室内空气中与人体健康有关的物理、化学、生物和放射性参数。

标准状态(Normal State)指温度为273千克，压力为101.325千帕(kPa)时的干物质状态。

3. 室内空气质量

合格的室内空气应无毒、无害、无异常嗅味，其具体标准见(GB/T 18883-2002)《室内空气质量标准》。

序号	参数类别	参　　数	单　位	标准值	备　注
5	化学性	二氧化硫 SO_2	毫克/立方米	0.50	1小时均值
6		二氧化氮 NO_2	毫克/立方米	0.24	1小时均值
7		一氧化碳 CO	毫克/立方米	10	1小时均值
8		二氧化碳 CO_2	毫克/立方米	0.10	日平均值
9		氨 NH_3	毫克/立方米	0.20	1小时均值
10		臭氧 O_3	毫克/立方米	0.16	1小时均值
11		甲醛 HCHO	毫克/立方米	0.10	1小时均值
12		苯 C_6H_6	毫克/立方米	0.11	1小时均值
13		甲苯 C_7H_8	毫克/立方米	0.20	1小时均值
14		二甲苯 C_8H_{10}	毫克/立方米	0.20	1小时均值
15		苯并[a]芘 B(a)P	毫克/立方米	1.0	日平均值
16		可吸入颗粒 PM_{10}	毫克/立方米	0.15	日平均值
17		总挥发性有机物 TVOC	毫克/立方米	0.60	8小时均值
18	放射性	氡	贝克/立方米	400	年平均值

注：上文摘录自GB/T(18883-2002)《室内空气质量标准》中对污染物含量的规定，但仅限于装修可能引发的有毒有害化学物质，而未涉及其他物理性、生物性的污染物。

二、专业室内空气检测机构

根据国家认证认可监督管理委员会的要求，承担社会委托检测及以室内空气质量检测名义从事检测的专业检测机构，应具备GB/T18883-2002《室内空气质量标准》全部19个参数的检测能力，经计量认证考核合格。现将北京、上海、广州三大城市中获得此类检测资质的机构列名如下(排名不分先后)：

北京市部分专业室内空气检测机构

北京市质量技术监督局向社会公布了首批通过质监、建委计量认证及资质考核的44家室内空气质量检测机构名单，其中有十家为面向普通消费者，列名如下：

	单 位 名 称	计量认证证书号	单 位 地 址	电 话
1	北京市疾病预防控制中心	(2003) 量认（京）字（S0220）号	北京市和平里中街16号	010-64212461
2	北京工业大学室内环境检测中心	(2003) 量认（京）字（U0419）号	北京市朝阳区平乐园100号	010-67396178
3	北京市计量科学研究所室内环境检测中心	(2002) 量认（京）字（U0398）号	北京市朝阳区安苑东里一区14号	010-64917176 64916376
4	北京市劳动保护科学研究所室内环境监测中心	(2002) 量认（京）字（U0385）号	北京市宣武区陶然亭路55号	010-63524189
5	北京天衡诚信环境成分监测评价中心	(2003) 量认（京）字（U0416）号	北京市西直门内前半壁店街66号	010-66511018
6	北京联合大学应用文理学院室内环境检测与评价中心	(2003) 量认（京）字（U0426）号	北京市海淀区北土城西路197号	010-62011879
7	中国室内装饰协会室内环境监测中心	(2002) 量认（京）字（U0390）号	北京宣武区广安门内广义街4号	010-63132865 63131008 83152117
8	北京安家康环境质量检测中心	(2002) 量认（京）字（U0399）号	北京市西城区月坛南街32号	010-68529158
9	北京市康居室内环境检测站	(2004) 量认（京）字（U0456）号	北京市丰台区角门东里79号	010-67563876
10	北京市东城区疾病预防控制中心	(2003) 量认（京）字（S0308）号	北京市东城区北兵马司胡同5号	010-84049785 64035643

广州市部分专业室内空气检测机构

	单 位 名 称	计量认证证书号	单 位 地 址	电 话
1	国家环境保护总局华南环境科学研究所	(2003) 量认（国）字（U2209）号	广东广州市员村西街七号大院	020-85541367
2	广东省环境保护监测中心站	(2000) 量认（国）字（U1979）号	广东广州市东风中路335号	020-83555841
3	广州市产品质量监督检验所	(2003) 量认（粤）字（Z0111）号	广东广州市八旗二马路42号10楼	020-83384976

上海市部分专业室内空气检测机构

	单 位 名 称	计量认证证书号	单 位 地 址	电 话
1	上海市室内装饰质量监督检验站	(1999)量认沪字(U0339)号	上海市南昌路197号	021-64734898
2	上海市疾病预防控制中心（上海市预防医学研究院）	(2003)量认（沪）字(S0156)号	上海市中山西路1380号	021-62088246 62758710-1902
3	上海济源室内环境及材料检测有限公司	(2003)量认（沪）字(U0504)号	上海市宁国路472号	021-65184112
4	上海天复建设技术有限公司	(2003)量认沪字(U0506)号	上海市宁海东路200号907室	021-63555151
5	上海绿色环境气象检测中心	(2003)量认沪字(U0541)号	上海市蒲西路166号	021-64389258

"有了纠纷找娘家"——家装质量投诉

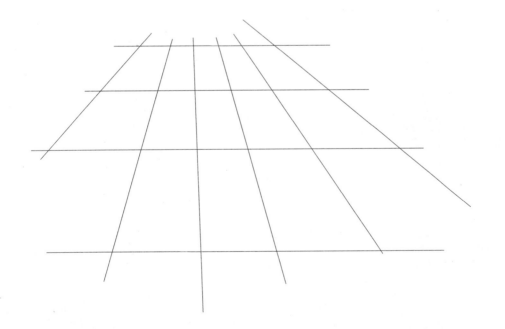

"未雨绸缪"——避免装修纠纷

装修过程可谓又苦又累，装修纠纷更是让人烦不胜烦，闹腾起来简直令人抓狂。所谓"人无远虑，必有近忧"，为了装修之后生活的安宁，业主应从一开始就尽量将装修纠纷的因子扼杀在萌芽状态里。据北京市消协统计，目前北京家装投诉案件较多，相关方面的民事诉讼也呈上升趋势。正准备装修的业主们必须提前了解一些避免和解决装修纠纷的常识，以备不时之用。

一、装修之前先"充电"

（一）了解装修工艺流程和验收标准

工艺验收标准就像一把尺子，工程质量好不好，拿这把尺子一量，业主心里就有数了。本书前面已将家装中几个大的施工项目从选材、施工要点到验收都作了详细讲解，所谓"师傅领进门，修行在个人"，如何好好利用这些工艺标准，把好家装的质量关，避免纠纷，主要还得靠自己。

（二）了解装修行业相关法律法规

俗话说"有理走遍天下"，做什么事儿都要讲一个"理"字。在家装纠纷中，"理"就是建筑装饰行业制定的施工标准，就是政府制定、颁布的法律法规。业主只要"依靠"这些法律法规，就能有效地维护自己的权益，使纠纷得到完满解决。施工标准前面已经讲述过，政府制定、颁布的法律法规主要涉及验收标准、合同文本和施工管理规定等方面。目前国家还未就家庭装修制定全国性的法规，各城市的管理规定都是由该城市相关单位自己出台的，但条例内容大致相同。下面的法律法规主要是北京、上海两城市的，供业主参考。

北京市有关装修业的地方性文件法规有：北京市建设委员会出台的《北京市家庭居室装饰工程承发包及施工管理暂行规定(试行)》；北京市建筑装饰行业协会制订的《北京市家庭装饰工程质量验收规定(试行)》；由北京市建筑装饰协会家装委员会制订的《北京市家庭装饰工程参考价格》；北京市工商行政管理局修订的《北京市家庭居室装饰装修工程施工合同(2004修订版)》，这是家装标准合同文本。

上海市有关装修业的地方性文件法规有：上海市质量监督技术局颁布的《住宅装饰装修验收标准》；上海市装饰装修行业协会推出的"新版家庭居室装饰人工费参考价"；上海市建设委员会颁发的《上海市家庭装修装饰工程专业资质管理实施细则》。

二、"把眼睛擦亮"——谨慎选择装修公司

找一个好的装修公司非常重要，这应该说是避免家装纠纷的前提条件。因为即使业主熟悉所有的政策法规、施工标准，一旦遇上个技术水平差、职业道德低下的装修公司，也只会增加双方纠纷和返工的麻烦。

为尽量避免纠纷的发生，在选择装修公司时，就得把眼睛擦亮，因为选对一家装修公司，就意味着省去了一堆麻烦。至于如何选择装修公司，我们在第三章里已经作了详尽的说明，这里再重点提醒两方面，即审查装修公司的营业执照、资质、商业信誉和仔细考察施工队的工艺水平。

如何审查装修公司的营业执照和装修资质前面已经讲过，这里不再重复，而对装修公司商业信誉的考察则可先通过互联网的信息搜索查询，互联网可以使一切伪装的装修公司"现出原形"；另外，参观样板间、询问入住业主，可以获取有关装修公司商业信誉的第一手资料，也是考察商业信誉的重要方法。

装修质量的好坏与否，很大程度上取决于施工队的工艺水准与素质。所以在装修之前，我们还要考察一下装修公司所用的施工队。考察施工队可从以下三个方面入手：一是查看样板间，二是查看施工工具，三是查看工人素质。

三、"三思而后行"——谨慎签订装修合同

为避免日后起争议，在签订装修合同之前，业主就应对相关的问题在合同中做出明确的规定，也就是"丑话说在前头"。当然，签订合同的方法、步骤及内容我们已经在本书第三章中作了详细说明，这里再次提醒几点需要注意的方面：

1. 合同中必须注明装修完工日期以及违反工期的惩罚措施。通行做法是这样的：若是装修公司的原因造成工期延误，业主应获得赔偿，一般每延误一天按工程总额的1‰作为赔偿金；若是业主自身原因造成工期延误，也应按同样标准赔偿装修公司。业主一定要注意这点，否则一不小心就给某些装修公司拖延工期"创造"了条件。

2. 合同中必须注明使用装修材料的具体品牌、规格、型号等内容。材料的质量往往对施工质量起决定性因素。在签订装修合同时，双方可以约定，如果某个施工项目选用材料不合格，则此项施工的费用，包括材料费和人工费应从总价款中扣除，已付款的，应由装修公司退回。

3. 合同中还必须规定对施工质量的要求标准和惩罚措施。业主可以跟装修公司约定，验收时如果某个施工项目因施工不规范造成部分工程不合格，按不合格部分占此项目的比例，扣除此项目的价款等，以此来约束装修公司。

4. 合同中要注明对室内空气质量问题的责任规定。目前装修引发室内空气污染的现象十分严重。为防万一，业主在签合同时，一定要把可能出现空气质量问题的责任规定清楚：凡属于施工造成的污染应由装修公司负责；若是业主自选家具引发的污染，就由业主找家具厂家解决。

5. 保修条款不可少。不管前面说得多详细，如果没有对保修作出规定，一样是空话。在保修期内，质量问题一般由施工单位负责。现在国家要求的强制性保修是两年，其中防水等项目是五年。而一般装修公司对工程的保修期，从三个月到一年不等，业主应尽可能选择保修期长一点的公司，最好含有一个取暖季。

遵循以上条款，业主就可以签订一份详细明确的装修合同了。如还有内容不了解，可参照《北京市家庭居室装饰装修工程施工合同(2004修订版)》。

四、"我的家我在乎"——工艺验收把紧关

装修，对大多数人来讲，是一项大工程，一笔大投资，都应投入相当的精力去照应它，毕竟那是自己的家，自己不在乎谁在乎？关于工艺监督及验收的准则，可参考本书第六、第七章的内容。另外，验收中还要注意以下几个方面：

1. 在装修施工阶段，要注意保留一些证据，以便发生纠纷时作为依据。例如在改变工程施工项目、延长工期以及更改装饰材料等问题上，一定要和装修公司达成书面协议，并在协议中注明具体的更改项目、涉及金额和材料的种类、数量、品牌和价格。

2. 施工的验收阶段和不定期抽查中，注意收集一些施工中剩下的边角料。一旦发生装修纠纷，材料的质量和真伪无法判定时，这些边角料就是证据。另外，还要注意让施工队保留材料的包装，如涂料桶、地板包装等。业主可以根据包装数量来估算材料用量，在一定程度上预防"以次充好"现象的发生。

3. 在装修施工中还要留意具体的施工细节，尤其是隐蔽工程的质量。隐蔽工程的质量往往决定着家装是否安全以及质量是否过关。

4. 当装修工程结束后，业主可根据所在城市相关机构制定的家庭装饰工程质量验收规定，对工程进行细致地验收。在验收合格之后，业主应要求装修公司根据合同出具保修单。

如果业主工作繁忙，无暇顾及装修的监督工作，可以考虑请专业监理辅助工作，签订监理协议，将装修质量的把关责任部分转移到监理公司身上，这样，业主的工作量会大大减少。

"有的放矢"——解决装修纠纷

古语有云："智者千虑，必有一失。"纵然业主在装修上时刻谨慎小心，缜思密想，也不可能事事都考虑到位。要知道，百密一疏，在装修过程中难免会出现始料未及的麻烦和纠纷。对于这些意外之扰，业主必须有思想准备，出现问题时，应先分析起因，再分清责任，然后寻求解决之道，做到有步骤、有条理地解决问题，而不要"眉毛胡子一把抓"。

一、"追本溯源"——探求纠纷起因

近几年来装修纠纷层出不穷，形式更是变化多样。仔细分析，这些装修纠纷大致可分为三类：质量类纠纷（包括装修工程质量和装修后室内空气质量），经济类纠纷，保修服务类纠纷。而引起装修纠纷的主要原因有以下几方面：

（一）合同签订不规范所引发的纠纷

装修中，全套设计、施工图纸均应为合同的有效构成要件，但有的装修公司的施工设计人员基础工艺设计水平低下，考虑不全，粗制滥造，甚至不提供设计和施工图纸。还有的装修公司擅长食言而肥，在前期多口头承诺，订合同时却只写大项，忽略小项、细项，发生纠纷后，业主根本无法追究其责任。还有的业主在与装修公司签订装修合同时，由于不了解相关知识，对合同中含糊其词的条款没有发现，便草率签字，装修一旦未达到预期的要求，却拿不出有力的证据来证明自己的合法权益受到侵害。

案例：某业主，花了几万元装修150平方米的住房。装修公司答应

完工后加做一个壁柜和玄关，完工后，装修公司却说材料不够了，不给做壁橱和玄关。业主投诉到消协，装修公司强调凡是合同中没写的，可以不做，结果业主找不到一点依据为自己辩解。

(二)装修材料引发的纠纷

许多业主工作比较繁忙，在装修时便选择了"包工包料"方式，本想图个省心方便，却有一些不法装修公司利用业主在装修知识方面的盲区，在签合同时往往对使用材料的品牌、等级、型号及价格等不作详细注明，趁机偷工减料、以次充好、以假乱真来获取额外利润。还有的业主选择"包清工"方式，所有材料都自己购买，但由于辨别真伪材料的能力有限，很容易被建材商欺骗。至于材料的用量问题，如涂刷墙面，有的公司为了利润，常重复计算墙体面积。

(三)施工质量差引起的纠纷

现在的装修公司水平良莠不齐。其中，有些公司只将样板间装修得漂漂亮亮的，以吸引顾客，而到业主家装修时便换了一套人马，实际装修水准与样板间相差甚远，所谓的样板间只是个招牌而已。这种装修公司的施工人员大多素质差、技能低，干活不上心，工艺不规范，有些表面上还说得过去，但经不起验收或时间的检验。有些装修公司虽是正规公司，但只有一支装修队伍，装修高峰阶段应付不过来，就临时借别的装修队或找"马路游击队"，装修出来的房子质量自然难以令人满意。

(四)延期完工引发的纠纷

不少装修工程由于种种原因，没有在合同规定的时间内完成，延误了业主的入住时间。这有可能是装修公司故意拖延，也有可能是因为装修过程中的增项或改项过于频繁，这就涉及到一个责任在谁的问题。有的业主在增项或改项时，由于过于信任装修公司，与之只有口头约定，没有书面协议，直到工程迟迟不能完工，延误了自己入住时，才找装修公司理论，但却找不到法律武器为自己辩护。

(五)拆改结构责任不清

装修过程中，有的业主让装修公司对房屋结构进行拆改，将不能拆动的承重结构或不能私改的非承重结构拆改了，破坏了房屋主体结构及承重结构，装修公司却借口是业主让拆的，拒不负责，引发投诉。

案例：某业主装修时让装修工人改动暖气管，未料供热时暖气跑水,把地板淹了。他找到物业公司,物业公司因其暖气私改不负责;业主又找到装修公司,装修公司则推说是业主自己与物业公司联系的,装修公司只管干活,不承担任何责任。

(六)保修承诺不履行引发纠纷

按合同规定,装修公司在保修期内对所承担的装修工程要负责到底,出现问题应及时维修。但现实中许多装修公司对保修服务重视不够,一遇到这种情况便左右推脱,一味指责业主保养不当等等。

二、"冤有头债有主"——分清责任再处理

合作愉快是业主与装修公司的共同意愿,但如果事与愿违,发生矛盾纠纷了,业主也不要一腔怒火烧向装修公司,其实,这时最应该做的是平静下来想一想:问题出在哪里了?责任在哪一方?然后再鉴定装修损失,寻求补偿。

(一)责任确定

装修纠纷的原因有多种,除了上文讲到的六条是主观因素外,还有其他因素如客观因素、第三者因素。客观因素指由于天气、灾难、战争等客观因素引起的防备不足导致的意外、不可抗力的天灾、房屋本身缺陷造成的意外、新技术的尝试应用等。第三者因素是指问题的发生由甲乙双方以外的第三者所导致,如供货商提供的伪劣产品、第三者造成的工程损害等。

若是主观因素导致纠纷,其责任就在业主与施工队之间,业主大可与装修公司好好理论一番,利用法律武器维护自身的权利;若是第三者因素导致装修出现问题,业主只需将矛头对准那"第三者"即可(建材商或其他等),与装修公司没有关系;但若是不可扭转的自然客观因素,那业主就只能自己承担。

(二)损失鉴定

当装修出现的质量问题属于装修公司主观方面的过失时,一般有两种解决方法:一是要求装修公司返工或维修;二是要求其赔偿损失。这两种方法都是可行的,也都符合法律的规定。如果是选择第二种,就会遇到赔偿数额如何确定的问题,一般有两种情形:

1. 如果与装修公司在装修合同中约定了违约责任,则可以根据违约

情况确定赔偿额度。

2. 如果没有在合同中约定违约金或损失赔偿额，则可根据《民法通则》第 112 条第 1 款的规定以及《合同法》第 113 条的规定，要求装修公司按实际损失赔偿。当然，实际损失如何确定，可能仍会有分歧。如果协商不成，可以委托评估机构进行评估，然后由装修公司按评估的价值与合同约定价款的差值进行赔偿。

三、"对症下药"——解决装修纠纷的方法

在发生装修纠纷时，每个人都会十分懊恼，甚至火气直升，这时最重要的是要保持冷静，有的放矢，对症下药，一般采取以下几个步骤解决：

（一）协商

首先根据合同找出矛盾的根源，业主和装修公司应本着互谅互让的原则协商解决。这种方式一般适用于非原则性问题，如认识上的偏差、合同规定不详等。辨清责任，达成共识后，放宽胸怀，继续合作，切莫被发生的不愉快影响自己对装修公司的态度与信任。

（二）调解

这是由第三方参与进行的，一般是消费者协会或建筑行政主管部门，这是一种妥协的解决方式。如果业主和装修公司在责任问题上争执不休，可在第三方的调解下，找到可行的解决方案。这种情况在工程中是经常发生的，尤其是在对责任认定不太清楚的情况下。例如，墙砖不平，业主可能会抱怨施工不合格，而施工人员则有可能认定是业主买的砖质量太差。

（三）仲裁

这是在合同中有仲裁条款或签订仲裁协议的基础上进行的。如果业主和装修公司都认为自己没有错，矛盾无法解决，此时最好的办法就是找质检部门来做技术鉴定，从而做个仲裁。但要注意，技术部门往往只能起鉴定的作用，并不负责解决争端。

（四）诉讼

诉讼是指通过法院的诉讼程序解决。当纠纷十分严重，调解和妥协根本行不通时，只有通过法律来解决问题。这是一种最无奈的解决方

法，但也是最有决定效力的方法。诉讼时要注意证据的齐全，因为一旦将装修公司告上法庭，就需请第三方来进行评估、鉴定材料，包括起诉书(一式两份)、合同文本(包括补充合同)的复印件和收款凭据复印件、工程预算书和决算书复印件等。注意：有雇佣关系的技术服务机构证明不能作为法庭证据。如有可能，要保护现场，这是重要的证据；同时不要因为可以保护现场，就对装修出现的问题听之任之，应及时解决。因为根据《民法通则》第114条规定："当事人"一方因另一方违反合同受到损失的，应及时采取措施防止损失的扩大；没有及时采取措施致使损失扩大的，无权就扩大的损失要求赔偿。

CS家博士提示：注意家装投诉范围

◆装修工程一旦出现纠纷，业主往往先想到投诉。但很多人并不一定了解，投诉也是有限制的，有的家装投诉是不会被受理的。以上海为例，上海装饰装修行业协会明确规定了十一种情况的投诉不予受理，现摘录在此，供业主参考。

◇消费者与家装企业中的员工私下交易而引起装饰纠纷的。

◇提供不出被投诉方的名称、地址的。

◇提供不出家装工程合同文本和施工企业开具的统一发票以及权益被侵害的证明证据的。

◇家装工程的价格，当事人已在合同中约定，而又对合同价格提出异议进行投诉的。

◇超过家装工程约定的保修期，被诉人不再承担违约责任的。

◇投诉人因自身不遵守适用规定导致家装工程出现问题的。

◇已达成协议，没有新情况、新理由的。

◇委托他人投诉，没有出具委托授权书的。

◇对存在的争议无法实施质量检验、鉴定的。

◇法院、仲裁机构、有关行政机关或消费者协会已受理或处理的。

◇不符合家装工程有关国家法律、法规和规章规定的。

从这些规定可以看出，业主可能会因疏忽或意识淡薄，而使自己无法通过投诉来维护自身的权益。所以在选择施工队伍、签订装修合同和装修过程中一定要谨慎行事。

附 录

附录1

《北京市家庭居室装饰工程质量验收标准》
(DBJ/T01-43-2003)

发布机构：北京市建设委员会

发布日期：2003年8月5日

实施日期：2003年10月1日

总　则

1.0.1　为加强北京市家庭居室装饰装修工程质量管理，统一家庭居室装饰装修工程质量验收标准，保证工程质量，制定本标准。

1.0.2　本标准适用于家庭居室装饰装修工程的质量验收。

1.0.3　本标准为推荐性标准，当家庭居室装饰装修工程的设计文件和施工合同的质量要求高于本标准时，双方可进行补充规定或采用其他验收标准。

1.0.4　承接家庭居室装饰装修工程的设计、施工单位应具备相应的资质证书和营业执照，施工管理人员和特殊工种应有相应岗位的资格证书。

1.0.5　家庭居室装饰装修施工中严禁下列行为：

1. 未经原结构设计单位或具有相应资质等级的设计单位的书面同意，而变动建筑主体和承重结构；

2. 未经城市规划行政主管部门批准改变住宅外立面，任意在墙体上开门窗；

3. 任意扩大主体结构上原有门窗洞口，拆除连接阳台的砖、混凝土墙体；其他影响建筑结构和使用安全的行为；

4. 未经供暖管理部门批准拆改供暖管道和设施；

5. 未经燃气管理单位批准拆改燃气管道和设施。

1.0.6　家庭居室装饰装修工程施工除应符合本标准外，尚应符合国家、行业和地方的有关标准、规范的规定。

吊顶工程

2.0.1　本章适用于以轻钢龙骨、铝合金龙骨、木龙骨等为骨架，以石膏板、金属板、矿棉板、木质板和搁栅为饰面材料的吊顶工程质量验收。

2.0.2　工程所用材料的品种、规格、质量、颜色图案、固定方法、基层构造应符合设计要求和国家规范、标准的规定。

2.0.3　吊顶龙骨不得扭曲、变形，木质龙骨无树皮及虫眼，并按规定进行防火和防腐处理，吊杆布置合理、顺直，金属吊杆和挂件应进行防锈处理，龙骨安装牢固可靠，四周平顺。

2.0.4　吊顶罩面板与龙骨连接紧密牢固，阴阳角收边方正，起拱正确。

2.0.5　纸面石膏板可用沉头螺钉与龙骨固定，钉帽沉入板面，非防锈螺钉的顶帽应做防锈处理，板缝应进行防裂嵌缝，安装双层板时，上下板缝应错开。

2.0.6　罩面板与墙面、窗帘盒、灯槽交接处应接缝严密，压条顺直、宽窄一致。

2.0.7　吊顶内填充的吸声、保温材料的品种和铺设厚度应符合设计要求，并应有防散落措施。

2.0.8　灯具、电扇等设备的安装必须牢固，重量大于3千克的灯具或电扇以及其他重量较大的设备，严禁安装在龙骨上，应另设吊挂件与结构连接。

2.0.9　玻璃吊顶应采用安全玻璃，搭接宽度和连接方法应符合设计要求。

2.0.10　吊顶饰面板表面应平整、边缘整齐、颜色一致，不得有污染、缺棱、掉角、锤印等缺陷。

门窗工程

3.1　本章适用于木门窗、铝合金门窗、塑料门窗安装工程质量验收。

3.2　木门窗制作与安装

3.2.1　木门窗的木材品种、材质等级、规格、尺寸、框扇的线型应符合设计要求。

3.2.2　木门窗应采用烘干的木材，含水率不宜大于12%。

3.2.3　木门窗框与砖石砌体、混凝土或抹灰层接触部位以及固定用木砖等均应进行防腐处理。

3.2.4　建筑外门窗安装必须牢固，严禁在砌体上用射钉固定。

3.2.5　木门窗的安装位置、开启方向及连接方式应符合设计要求。

3.2.6　木门窗扇必须安装牢固、开关灵活、关闭严密，无走扇、翘曲现象。

3.2.7　胶合板门，不得有脱胶、刨透表层等现象，上下冒头的透气孔应通畅。

3.2.8　木门窗框与墙体间隙的填嵌材料应符合设计要求，填嵌应饱满。

3.2.9　木门窗表面应洁净，不得有刨痕、锤印。

3.2.10　木门窗的割角拼缝严密平整，框扇裁口顺直，刨面平整。

3.2.11　木门窗披水、盖口条、压缝条、密封条的安装应顺直，与门窗结合应牢固、严密。

3.2.12　木门窗制作安装的允许偏差和检验方法应符合表3.2.13的规定。

3.3　铝合金门窗安装

3.3.1　铝合金门窗的品种、类型、规格、尺寸、性能应符合设计要求。

3.3.2　铝合金门窗的型材、壁厚应符合设计要求，所用配件应选用不锈钢或镀锌材质。

3.3.3　门窗安装应横平竖直，与洞口墙体留有一定缝隙，缝隙内不得使用水泥砂浆填塞，应使用具有弹性材料填嵌密实，表面应用密封胶密闭。

3.3.4　铝合金门窗框安装必须牢固，预埋件的数量、位置、埋设方式与框连接方法必须符合设计要求，在砌体上安装门窗严禁用射钉固定，铝合金门窗的开启方向、安装位置、连接方式应符合设计要求。

3.3.5 铝合金门窗扇、必须安装牢固，推拉扇必须有可靠的防脱落措施。门窗扇应开启灵活，关闭严密，无倒翘、无走扇。

3.3.6 铝合金门窗表面应洁净、平整、光滑、色泽一致，无锈蚀、无划痕、无碰伤。

3.3.7 铝合金门窗扇的橡胶密封条应安装完好，不得卷边脱槽。

3.3.8 铝合金门窗安装允许偏差和检验方法应符合表3.3.8的规定。

3.4 塑料门窗安装

3.4.1 塑料门窗的品种、类型、规格、尺寸、内衬钢板厚度应符合设计要求。如无要求时，门窗型材应选用多腔式，壁厚不小于2.2毫米，内衬钢板厚度不小于1.2毫米。

3.4.2 塑料门窗框、副框和扇的安装必须牢固，固定片或膨胀螺栓的数量、位置及连接方式应符合设计要求和国家规范。

3.4.3 塑料门窗扇，平开窗应开关灵活，关闭严密，推拉门窗应平移灵活，无阻滞现象，位置正确，关闭时密封条应处于压缩状态。外墙推拉门窗扇必须有防脱落措施。

3.4.4 门窗框与墙体间缝隙不得用水泥砂浆填塞，应采用闭孔弹性保温材料，填嵌密实，表面用密封胶密封。

3.4.5 门窗安装五金配件应先钻孔后用自攻螺钉拧入，不得直接锤击打入。

3.4.6 塑料门窗表面应洁净、光滑、大面应无划痕、碰伤。

3.4.7 玻璃密封条与玻璃及玻璃槽口的接缝应平整，不得卷边脱槽。

3.4.8 塑料门窗安装允许偏差和检验方法应符合表3.4.8的规定。

轻质隔墙

4.0.1 本章适用于以轻钢龙骨、木龙骨为骨架，以纸面石膏板、胶合板、水泥板为面板的工程验收。

4.0.2 隔墙工程所用材料的品种、级别、规格和隔声、隔热、阻燃等性能必须符合设计要求和国家有关规范、标准的规定。

4.0.3 轻钢龙骨安装要符合产品的组合要求，安装位置正确、连接牢固无松动。

4.0.4 面板安装必须牢固无脱层、翘曲、折裂、缺棱、掉角。

4.0.5 木质龙骨和木质罩面板在安装前应进行防火处理。

4.0.6 木质罩面板接头位于龙骨中心，明缝或压条宽厚基本一致，与龙骨结合严密。

4.0.7 在轻钢龙骨上固定罩面板应用自攻螺钉，钉头略埋入板内但不得损坏纸面，钉眼处应做防锈处理。

4.0.8 潮湿处安装轻质隔墙应做防潮处理，如设计有要求，可在扫地龙骨下设置混凝土或砖砌的地枕带，一般地枕带高度为120毫米，宽与隔墙宽度一致。

4.0.9 隔墙内填充材料应干燥、铺设厚度均匀、平整、填充饱满，应有防下坠措施。

4.0.10 罩面板表面应平整、洁净、拼缝严密、压条顺直、不露钉帽。套割电气盒盖位置准确，套割整齐。

4.0.11 轻质隔墙工程允许偏差和检验方法应符合表 4.0.11 的规定。

裱糊工程

5.0.1 本章适用于聚氯乙烯塑料壁纸、复合纸质壁纸、壁布等裱糊工程的质量验收。

5.0.2 壁纸、壁布的品种、质量、颜色、图案应符合设计要求，胶粘剂应按壁纸、壁布的品种配套选用。

5.0.3 裱糊的基体应干燥，表面平整。

5.0.4 裱糊前基层处理应符合下列要求：

5.0.4.1 混凝土或抹灰基层含水率不大于8%，木材基层含水率不大于12%；

5.0.4.2 新建筑物的混凝土或抹灰基层墙面在刮腻子前宜涂刷封闭底漆；

5.0.4.3 旧墙面必须清除疏松的装饰层并涂刷界面剂；

5.0.4.4 不同材质基层的接缝处应粘贴接缝带；

5.0.5 基层腻子应平整坚实，无粉化、起皮和裂缝。

5.0.6 壁纸墙布必须裱糊牢固，墙面应用整幅裱糊，各幅拼接横平竖直，花纹图案拼接吻合，色泽一致。

5.0.7 表面无气泡、空鼓、裂缝、翘边和斑污。

5.0.8 距墙面1.5米处正视不显接缝。

5.0.9 壁纸、墙布与顶角线、挂镜线、门、踢脚板交接处边缘垂直整齐无毛边。

5.0.10 阴阳角垂直方正，阴角处应断开搭接，阳角处包角无接缝。

软包工程

6.0.1 本章适用于室内墙面、门面各类软包工程的质量验收。

6.0.2 软包织物、皮革、人革等面料和填充材料的品种、规格、质量应符合设计要求。防火，防腐处理应符合国家有关规定。

6.0.3 软包工程的衬板、木框的构造应符合设计要求，钉牢固，不得松动。

6.0.4 软包制作尺寸正确，棱角方正，周边平顺，表面平整，填充饱满，松紧适度。

6.0.5 单块软包面料不宜有接缝。织物裁剪时经纬线保持顺直。

6.0.6 软包安装平整，紧贴墙面，色泽一致，接缝严密、无翘边。

6.0.7 软包表面应清洁、无污染，拼缝处花纹吻合、无波纹起伏和皱褶。

6.0.8 软包饰面与压条、盖板、踢脚线，电器盒面板等交接处应交接紧密、无毛边。电器盒开洞处套割尺寸正确边缘整齐，盖板安装与饰面压实，毛边不外露周边无缝隙。

6.0.9 软包工程质量允许偏差和检验方法应符合

板块铺贴工程

7.0.1 本章适用于墙、地面饰面石材、饰面砖安装工程质量验收。

7.0.2 石材、墙地砖的品种、规格、等级、颜色和图案应符合设计要求。

7.0.3 饰面板块表面不得有划痕、裂纹、风化、缺棱掉角等质量缺陷。不得使用过期结块水泥作胶结材料。

7.0.4 石材、墙地砖施工前应进行规格套方，保证规整，进行选色，减少色差，进行预排，减少使用非整砖，有突出墙地面的物体应按规定用整砖套割，套割吻合边缘齐整。

7.0.5 石材铺设前宜做背涂处理，减少"水渍"、"泛碱"现象发生。

7.0.6 墙地砖铺贴应砂浆饱满、粘贴牢固，墙面单块板边角空鼓不得超过铺贴数量的5%。

7.0.7 表面平整，接缝平直，缝浆饱满，纵横方向无明显错台错位，颜色基本一致、无明显色差，洁净无污积和浆痕。

7.0.8 石材、墙、地砖铺贴质量允许偏差和检验方法应符合表7.0.8。

地板工程

8.1 本章适用于实木地板、实木复合地板、强化复合地板铺装工程质量验收。

8.2 木质地板

8.2.1 木质地板工程用料的品种、规格、等级、颜色和木材含水率应符合设计要求和国家现行标准的规定，含水率如设计无要求时一般不宜大于10%。

8.2.2 铺装前对基层进行防潮处理。

8.2.3 铺设地板基层所用木龙骨、毛地板、垫木安装必须牢固、平直。

8.2.4 木质地板面层与基层铺钉或粘接必须牢固无松动。

8.2.5 当不使用毛地板，直接在龙骨上铺装地板时，主次龙骨间距应根据地板的长宽模数计算，主龙骨间距不得大于300毫米，地板接缝在龙骨中线上。

8.2.6 安装第一排地板时应凹槽面向墙、地板与墙面之间留有10毫米左右的缝隙，并用踢脚板封盖。

8.2.7 条形木地板的铺设方向可征求用户意见，一般走廊、过道宜顺行走方向铺设，室内房间宜顺光线铺设。

8.3 强化复合地板

8.3.1 基层应平整、牢固、干燥、清洁、无污染，强度符合设计要求。

8.3.2 在楼房底层或平房铺装须做防潮处理。

8.3.3 强化复合地板铺装时，室内温度应遵照产品说明书的规定要求。

8.3.4 地板下面应满铺防潮底垫、铺装平整，接缝处不得叠压，并用胶带固定。

8.3.5 安装第一排地板时应凹槽面向墙、地板与墙面之间留有10毫米左右的缝隙。

8.3.6 房间长度或宽度超过8米时需要设置伸缩缝、安装平压条。

8.3.7 木踢脚板采用45度坡口粘接严密，高度、出墙厚度一致，固定钉钉帽不外露。

8.3.8 表面平直，颜色、木纹协调一致，洁净无胶痕。

8.3.9 强化复合地板铺装工程的允许偏差和检验方法应符合表8.3.9的规定。

地毯工程

本章适用于各种类型地毯铺装工程的质量验收。

9.0.1　地毯的品种、规格、材质、颜色、胶料及辅料应符合设计的要求。

9.0.2　基层必须平整、光滑、干燥、清洁、无污染。

9.0.3　地毯固定应牢固，毯面撑摊平整、无起鼓、凹陷，无皱褶、翘边，接缝处应拼花对线，拼接严密、图案连续、烫压平整，绒面毛顺光一致，收边合理，表面干净，无油污损伤。

9.0.4　地毯摊铺后应用张紧器撑紧撑平，与倒刺板抓结牢固，四周毛边塞入踢脚板下。

9.0.5　地毯与其他地面交接处应收口合理、顺直，压条牢固，压紧、压实。

细木制品工程

10.0.1　本章适用于窗帘盒、散热器罩、门窗套、木护墙、踢脚板、护栏、木扶手、固定式橱柜、装饰线工程质量验收。

10.0.2　工程所用材料的品种、规格、材质、性能应符合设计要求及国家规范、标准的规定。

10.0.3　材质要求：

10.0.3.1　工程制作应用烘干木材、木材含水率不得大于12%。

10.0.3.2　木材表面不得有死节、裂缝、虫眼。

10.0.4　细木制品安装必须粘钉牢固无松动，衬板与饰面板应粘结密合，不得起层、起鼓。

10.0.5　窗帘盒、窗台板与基体连接严密、棱角方正，同一房屋内的位置标高及两侧伸出窗洞口外的长度应一致。

10.0.6　木护墙表面应平整光洁，棱角方正，线条顺直，颜色一致，不得出现裂缝开胶，与踢脚板连接处无缝隙。

10.0.7　踢脚板：上口平直，接缝严密，出墙厚度一致。

10.0.8　顶角线：挂镜线、腰线等应顺直，紧贴墙面，胶圈收口正确，木线对接宜采用45度加胶坡接，接头不得有错位离缝现象。

10.0.9　栏杆扶手：

10.0.9.1　护栏高度、栏杆间距必须符合设计要求。

10.0.9.2　玻璃护栏栏板应采用厚度不小于12毫米的安全玻璃。

10.0.9.3　护栏、扶手材质和安装方法应能承受规范允许水平荷载、扶手高度应不小于0.9米，栏杆高度应不小于1.05米，栏杆间距不应大于0.11米。

10.0.10　细木制品制作安装工程质量的允许偏差和检验方法应符合表10.0.10的规定。

10.0.11　楼梯木栏杆、扶手安装允许偏差和检验方法，应符合表10.0.11的规定。

涂饰工程

本章适用于水性涂料、溶剂型涂料、美术涂料类分项工程的质量验收。

11.1 一般规定

11.1.1 涂饰工程所用涂料必须是环保达标的产品,其品种、等级、性能、颜色应符合设计要求和国家现行标准的规定。

11.1.2 涂饰工程的基层处理应符合下列规定：

11.1.2.1 涂饰基层必须具有一定的强度,混凝土或抹灰层面涂刷溶剂型涂料时含水率不得大于8%,涂刷水性涂料时含水率不得大于10%,木材基层面的含水率不得大于12%。

11.1.2.2 旧墙面应清除疏松旧装修层并涂刷界面剂。

11.1.3 基层使用防水腻子的塑性、和易性应满足施工要求。

11.1.4 腻子与基体结合坚实,附着牢固、不起皮、不粉化、不裂纹。

11.2 水性涂料涂饰工程

11.2.1 水性涂料涂饰工程应涂刷均匀、粘结牢固,无漏涂、透底、掉粉、起皮。

11.2.2 喷涂涂膜应厚度均匀、颜色一致、喷点均匀,喷点、喷花的突出点应手感适宜不掉粒,喷涂接槎处无明显接槎痕迹,表面洁净无污染。

11.2.3 涂层与其他装饰物衔接处应吻合,界面应清晰。

11.2.4 施涂薄涂料工程质量应符合11.2.4表的规定。

11.2.5 施涂厚涂料工程质量应符合11.2.5表的规定

11.3 溶剂型涂料涂饰工程

11.3.1 溶剂型涂料涂饰工程的细木制品基层表面必须洁净、平整、光滑,无裂缝等缺陷。

11.3.2 表面如出现色差,应修色或拼色使其颜色达到基本一致。

11.3.3 溶剂型涂料涂饰应涂饰均匀,附着牢固,不得漏涂、透底、脱皮、斑迹。

11.3.4 色漆涂料涂饰工程质量应符合11.3.4表的规定。

11.3.5 施涂清漆工程质量应符合11.3.5表的规定。

11.4 美术涂饰工程

11.4.1 本节适用于套色、滚花、仿真等美术涂饰工程的质量验收。

11.4.2 美术涂饰工程应涂饰均匀,附着牢固,不得漏涂、透底、掉粉、脱皮。

11.4.3 美术涂饰的套色花纹图案应符合设计要求,套色涂饰的图案不得移位,纹理和轮廓吻合清晰。

11.4.4 仿花纹涂饰的饰面应符合设计或样板要求。

11.4.5 浮雕涂饰的中层涂料颗粒应分布均匀,滚压厚薄基本一致。

卫生器具及管道安装工程

12.0.1 本章适用于厨房、卫生间的洗涤、洁身等卫生器具的安装工程验收。

12.0.2 卫生器具的品种、规格、外形、颜色应符合设计要求,管材管件洁具等产品质量应符合国家现行标准的规定。

12.0.3 管道安装横平竖直铺设牢固无松动,坡度符合规定要求。嵌入墙体和地面的暗管道应进行防腐处理并用水泥砂浆抹砌保护。

12.0.4　冷热水安装应左热右冷，安装冷热水管平行间距不小于20mm，当冷热水供水系统采用分水器时应采用半柔性管材连接。

12.0.5　龙头、阀门安装平正，位置正确便于使用和维修。

12.0.6　各种卫生器具与石面、墙面、地面等接触部位均应使用硅铜胶或防水密封条密封，各种陶瓷类器具不得使用水泥砂浆窝嵌。

12.0.7　浴缸排水口应对准落水管口做好密封，不宜使用塑料软管连接。

12.0.8　给水管道与附件、器具连接严密，通水无渗漏。

12.0.9　排水管道应畅通，无倒坡，无堵塞，无渗漏。地漏箅子应略低于地面走水顺畅。

12.0.10　卫生器具安装位置正确、牢固端正，上沿水平，表面光滑无损伤。

防水工程

13.0.1　本章适用于卫生间、厨房的防水工程验收。

13.0.2　防水施工宜用涂膜防水材料。

13.0.3　防水材料性能应符合国家现行有关标准的规定，并应有产品合格证书。

13.0.4　基层表面应平整，不得有空鼓、起砂、开裂等缺陷。基层含水率应符合防水材料的施工要求。

13.0.5　防水层应从地面延伸到墙面，高出地面250毫米。浴室墙面的防水层高度不得低于1800毫米。

13.0.6　防水水泥砂浆找平层与基础结合密实，无空鼓，表面平整光洁、无裂缝、起砂，阴阳角做成圆弧形。

13.0.7　涂膜防水层涂刷均匀，厚度满足产品技术规定的要求，一般厚度不少于1.5毫米，不露底。

13.0.8　使用施工接槎应顺流水方向搭接，搭接宽度不小于100毫米，使用两层以上玻纤布上下搭接时应错开幅宽的二分之一。

13.0.9　涂膜表面不起泡、不流淌、平整无凹凸，与管件、洁具地脚、地漏、排水口接缝严密，收头圆滑不渗漏。

13.0.10　保护层水泥砂浆厚度、强度必须符合设计要求，操作时严禁破坏防水层，根据设计要求做好地面泛水坡度，排水要畅通、不得有积水倒坡现象。

13.0.11　防水工程完工后，必须做24小时蓄水试验。

电气安装工程

14.0.1　本章适用于住宅单相入户配电箱户表后的室内电路布线及电器、灯具安装工程验收。

14.0.2　工程所用电器、电料的规格型号应符合设计要求及国家现行电器产品标准的有关规定。

14.0.3　塑料电线保护管及接线盒必须使用阻燃型产品。

14.0.4　金属电线保护管的管壁、管口及接线盒穿线孔应平滑无毛刺，外形不应有折扁裂缝。

14.0.5 电源配线时所用导线截面积应满足用电设备的最大输出功率。

14.0.6 配电箱户表后应根据室内用电设备的不同功率分别配线供电；大功率家电设备应单独配线和安装插座。

14.0.7 暗线敷设必须配护套管，严禁将导线直接埋入抹灰层内，导线在管内不得有接头和扭结，吊顶内不允许有明露导线。

14.0.8 电源线与通讯线不得穿入同一根线管内。电源线及插座与电视线及插座的水平间距不应小于500毫米。

14.0.9 安装电源插座时，面向插座应符合"左零右相，保护地线在上"的要求，有接地孔插座的接地线应单独敷设，不得与工作零线混同。

14.0.10 连接开关螺口灯具导线时，相线应先接开关，开关引出的相线应接在灯中心的端子上，零线应接在螺纹的端子上。

14.0.11 导线间和导线对地间电阻必须大于0.5米·欧姆。

14.0.12 厕浴间应安装防水插座，开关宜安装在门外开启侧的墙体上。

14.0.13 灯具、开关、插座、安装牢固、位置正确，上沿标高一致，面板端正，紧贴墙角、无缝隙，表面洁净。

14.0.14 电气工程安装完工后，应进行24小时满负荷运行试验，检验合格后才能验收使用。

14.0.15 工程竣工时应向用户提供电路竣工图，标明导线规格和暗线管走向。

室内环境污染控制

15.0.1 本章适用于家庭居室装饰装修工程中对室内环境污染物氡(222Rn)、甲醛、氨、苯、总挥发性有机物(TVOC)等浓度含量验收。

15.0.2 装饰设计时对室内环境污染物的含量宜进行预先评估。

15.0.3 装饰装修使用的主要材料必须符合建设部与国家质检总局颁布的室内装饰装修材料有害物质限量十项强制性的国家标准。

15.0.4 居室装饰工程竣工时对室内环境质量验收应在工程交付使用前进行。

15.0.5 家庭居室装饰装修工程室内环境污染物浓度必须符合表15.0.7的规定。

本标准用词说明

一、为便于在执行本标准条文时区别对待，对要求严格程度不同的用词说明如下：

1. 表示很严格，非这样做不可的用词：正面词采用"必须"；反面词采用"严禁"。

2. 表示严格，在正常情况下均应这样做的用词：正面词采用"应"；反面词采用"不应"或"不得"。

3. 表示允许稍有选择，在条件许可时，首先应这样做的用词：正面词采用"宜"；反面词采用"不宜"。

4. 表示有选择，在一定条件下可以这样做的，采用"可"。

二、条文中指定应按其他有关规范、标准执行时，写法为"应符合……的规定"或"应按……执行"。

附录2
家庭装饰工程监理合同范本

发包方（以下简称甲方）：
委托处理人（姓名）：　　　　　　　　单位：
住所地址：
联系电话：　　　　　　　　　　　　　手机号：
承包方（以下简称乙方）：
单位名称：
营业执照号：
注册地址：
法定代表人：　　　　　　　　　　　　联系电话：
委托代表人：　　　　　　　　　　　　联系电话：
监理负责人：　　　　　　　　　　　　联系电话：

根据《中华人民共和国经济合同法》、《建筑工程勘察监理合同条例》，以及装饰行业的有关规定，经双方协商，签订本合同，并共同履行。

第一条　工程项目
甲方委托乙方承担以下工程监理任务：
工程名称：
工程地址：

第二条　监理收费及支付方法
（一）本工程监理收费按照国家和现行市场收费标准执行。经甲乙双方商定总收费人民币　　　元，金额大写　　　　　　　　。分五次付清：水电管线隐蔽工程验收合格后付　　%；泥木工程验收合格后　　%；油漆工程验收合格后　　%；安装及竣工验收合格后付　　%；工程结束预留尾款　　%，6个月后付清。
（　　%为人民币　　　元，金额大写　　　　　　　　）

（二）本合同生效时甲方向乙方预付监理费总额的　　%作为合同定金，定金抵做安装及竣工验收合格一项的工程监理费。

第三条　双方责任
（一）甲方责任
1. 如期向乙方提交本合同规定的有关建设文件和监理资料，并保证所提交资料质量达到工程监理要求。
2. 按约定的日期和数量付给乙方定金和工程监理费。
3. 本工程建筑材料、设备的加工定货如需乙方监理人员配合时，所需费用由甲方承担。

（二）乙方责任

1. 对开工前期的监理工作

(1)对施工图设计方案进行会审。

(2)对施工单位的施工人员进行资格审核和施工组织方案做出评价。

2. 原材料、构配件及设备的质量认可，以及工程投资成本控制。

3. 分项、分部工程的严格检查和竣工验收。

4. 工程进度进行控制，审核设计、施工总计划，审核施工进度计划和材料采购计划，并对工程进度进行检查。

第四条 违约责任

（一）甲方认可工程合格后，未在本合同第三条所约定的时间内交付工程监理费时，甲方从应付监理费的次日起计算，每延误一天，向乙方按应付工程监理费的

偿付违约金。

（二）由于乙方监理错误给甲方造成严重经济损失时，乙方有责任在监理上继续采取补救措施，并酌情赔偿甲方因此而实际发生的部分经济损失，全部赔偿金额不超过该部分工程的全部监理费。

（三）甲方不履行合同时，乙方不返回定金，且按乙方实际完成工作量另付监理费。乙方不履行合同时，应双倍返还甲方定金，同时返还已收取定金外的全部监理费。

第五条 合同生效、中止与结束

（一）本合同需经甲乙双方签字（或盖章）方为有效。本合同生效日期以甲乙双方中最后一方签字（或盖章）的日期为准。

（二）甲乙双方因故需变更或终止本监理合同时，应提前两周书面通知对方，对本合同中的遗留问题取得一致意见，形成书面协议作为本合同附件执行。未达成协议前，本合同继续有效。

（三）因甲方原因要求中途停止监理工作的，已付定金不退还；当监理工作进行相应监理阶段不足一半时，甲方应支付该阶段监理费的一半；监理工作进行到超过该监理阶段的一半时，甲方应支付该阶段监理费的一半。同时，按本条第（二）款办理，结束本工程甲乙双方合同关系。

（四）本合同以乙方向甲方提供本合同中规定的全部工程监理文件，甲方按本合同规定付清全部监理费之日起，结束本合同关系，本合同另有条款约定的除外。

第六条 不可抗力

本合同在执行过程中，若发生不可抗力因素，使本合同不能履行或不能全部履行时，甲乙双方可协商解决，不受本合同有关条款的约束。

第七条 合同纠纷解决方式

本合同在执行过程中发生纠纷，双方协商不成时，采取下列第　　种方式解决：

1. 向消费者委员会申请调解；
2. 向有管辖权的工商行政管理局经济合同仲裁委员会申请仲裁；
3. 向有管辖权的人民法院起诉；
4. 其他解决方式：

第八条　未尽事宜与附加条款

（一）本合同未尽事宜由甲乙双方协商确定，并形成书面协议作为本合同附件执行。

（二）本合同附加条款如下：

第九条　合同文本

1. 本合同经甲、乙双方签字（盖章）后生效。
2. 本合同签订后工程不得转包。
3. 本合同一式两份，甲、乙双方各执一份。
4. 合同履行完后自动终止。
5. 本合同实行当事人自愿鉴证原则，可将合同文本提交所在区的工商行政管理分局进行合同鉴证，以保护合同双方当事人的合法权益。

签　字（或盖章）：

甲　方：

乙　方：

公证人：

日　期：

附录3　家装监理公司名录

北　京

北京金家园装饰工程监理有限公司
地　址:北京市宣武区半步桥街甲 13 号鑫城大厦 102 室
电　话:010 - 83552966、63574911

北京公信正实装饰监理有限公司
地　址:北京市德胜门西顺城街 46 号
电　话:010 - 64025042

北京百万家园室内装饰监理有限公司
地　址:北京市朝阳区农光南里 1 号楼(龙辉大厦 9 层)
电　话:010 - 67309999

上　海

上海市民装饰监理有限公司
地　址:上海市广元西路 629 号虹枫大厦 1006 室
电　话:021 - 64078843

上海爱正室内装饰工程监理有限公司
地　址:上海市福建中路 225 号 16 楼
电　话:021 - 63224118

上海少卿装饰监理事务所
地　址:上海市宛平南路 381 号 919 室
电　话:021 - 64385744

上海市同济联合室内监理公司
地　址:上海市中山北二路 1111 号 3 号楼
电　话:021 - 65146260

广　州

广州市城市建设工程监理公司属下家庭装修服务中心
地　址:广州市中山一路 57 号南方铁道大厦 2201 室
电　话:020 - 61282072

附录 4

《北京市家庭装饰投诉解决办法》

颁布机构:北京市建筑装饰协会
颁布时间:1998 年 10 月

第一章 总则

第一条 为了维护家庭装饰消费者和经营者双方的合法权益,妥善解决家庭装饰工程中出现的各种纠纷,根据国家和北京市有关法律法规及规定,制定本办法。

第二条 消费者、经营者因家庭装饰工程质量发生争议,属于入驻家装市场企业,可直接向家庭装饰市场质量管理部门投诉;属于家装服务网的,可向该企业的质量管理部门投诉。家装市场和家装服务网的企业,有责任对被投诉的问题组织调查、鉴定和仲裁。

第三条 受理投诉的范围

(一)受家装市场统一管理的装饰企业所承揽的并经市场签证的家庭装饰工程。

(二)参加家庭装饰服务网的网员企业并经该企业签证的家庭装饰工程。

(三)采用北京市统一的家庭居室装饰合同(参考本)的家庭装饰工程。

第二章 解决办法

第四条 解决家庭装饰工程质量纠纷应以北京市《家庭装饰工程质量验收规定》(试行)及合同中约定的材质、工艺、质量等级等内容为依据进行调解。

第五条 调解检查人员应当听取各方的意见,认真调查工程状况,详细填写现场检查记录,分清责任,提出处理意见,如需返修的应书面通知施工单位限期返工或维修。施工单位应当按照调解部门提出的意见,向消费者提出返修计划,并交质检部门备案。调解结束或返修合格后,投诉方、被投诉方、检查或调查人员三方签字。

第六条 入驻家装市场的家装企业应与市场质量部门签订《家庭装饰工程质量保证协议书》,交纳质量保证金。当出现工程质量问题的企业拒绝返工维修时,质量部门有权动用质量保证金以维护消费者权益,维护装饰市场信誉。

第七条 质量管理部门对家庭装饰工程质量纠纷调解无效,争议双方均可向市建筑装饰协会家装委员会申诉,家装委员会接受投诉并设法协调。当协调无效争议双方可通过以下途径解决:

(一)根据双方达成的仲裁协议,提请仲裁机构仲裁。

(二)向人民法院提起诉讼。

第三章 其他争议的解决办法

第八条 工期延误问题

(一)因施工单位原因造成的工期延误，管理部门应当要求施工单位增加施工力量，及时供应材料，合理安排工序。

(二)消费者应当积极配合施工单位，提供施工所需的条件，保证施工顺利开展。

(三)家庭装饰工程合同中有明确规定工期延误的违约责任的，应当严格按照合同规定的违约条款来处理工期延误的纠纷。

第九条 拖欠工程款问题

(一)消费者应根据合同约定，按期向施工单位支付工程款，否则应承担违约责任。

(二)消费者无力支付工程款或故意拖欠工程款时，经市场或企业管理部门同意，施工单位可暂停施工。

第十条 企业与消费者因家庭装饰工程引发的刑事案件由公安机关处理。

附录 5
家庭装修质量问题投诉机构

北　京

北京工商行政管理局
地　址：北京市海淀区苏州街 36 号
电　话：12315、010－82691919

北京质量技术监督局
地　址：北京市朝阳区育慧南路 3 号
电　话：12365、010－84611177

中国室内装饰协会
地　址：北京市东城区安定门外安德路地兴居 6 号楼
电　话：010－84132711

北京室内装饰协会
地　址：北京市宣武区槐柏树街 2 号
电　话：010－63021372

北京市建筑装饰协会家装委员会
地　址：北京市西城区二七剧场路 19 号楼
电　话：010－68017399

北京市仲裁委员会
地　址：北京市朝阳区建国路 118 号招商局大厦七层
电　话：010－65669856

中国消费者协会
地　址：北京市宣武区广外大街 248 号机械大厦 11 层
电　话：12315、010－63289412、63273555

北京市消费者协会
地　址：北京市宣武区槐柏树街 2 号
电　话：96315

北京市东城区消费者协会
地　址：北京东四北大街细管胡同 50 号
电　话：010－64057602

北京市西城区消费者协会
地　址：北京市羊肉胡同 120 号
电　话：010－66168698

北京市崇文区消费者协会
地　址：北京市双玉中街 41 号
电　话：010－67112029

北京市宣武区消费者协会
地　址：北京市南菜园 5 号
电　话：010－63523427

北京市朝阳区消费者协会
地　址：北京市朝阳区双龙南里 129 号楼
电　话：010－87314923

北京市海淀区消费者协会
地　址：北京市海淀南路倒座庙 9 号
电　话：010－62557505

北京市丰台区消费者协会
地　址：北京市菜户营东街乙 360 号
电　话：010－63442474

北京市石景山区消费者协会
地　址:北京市八角北里工商局院内
电　话:010-68863218

北京市通州区消费者协会
地　址:北京市新华大街110号
电　话:010-69543560

上　海

上海市工商行政管理局
地　址:上海市肇嘉浜路301号
电　话:12315、021-64220000

上海市质量技术监督局
地　址:上海市长乐路1227号
电　话:12365、021-54045500

上海市消费者权益保护委员会
地　址:上海市肇嘉浜路301号
电　话:12315

上海市装饰装修行业协会
地　址:上海市金陵东路531号5楼
电　话:021-63557626

上海市室内装饰质量监督检验站
地　址:上海市南昌路197号
电　话:021-64734898

广　州

广州市工商行政管理局
地　址:广州市天河路112号
电　话:12315

广州市质量技术监督局
地　址:广州市解放北路1382号金桂园A二栋一楼
电　话:020-86197469

广州市消费者权益保护委员会
地　址:天河路112号
电　话:12315、020-85596315